HUANJING YOUJI WURANWU
SHENGWU DUXING JI JIANCE FENXI

环境有机污染物
生物毒性及检测分析

汪素芳　著

化学工业出版社

·北京·

本书共 8 章,内容包括环境有机污染物的特征、分布及危害,生物大分子的生物学功能及测定,全氟烷基酸对赖氨酸脱羧酶的毒性作用,有机磷酸酯阻燃剂对赖氨酸脱羧酶的毒性作用,有机汞对精氨酸脱羧酶的毒性作用,多环芳烃对二胺氧化酶的毒性作用,环境有机污染物的分析与毒性检测,结论与展望。

本书具有较强的针对性和参考价值,可供从事有机污染物生物毒性及检测分析等的工程技术人员、科研人员和管理人员参考,也可供高等学校环境工程、生物工程、化学工程及相关专业师生参阅。

图书在版编目 (CIP) 数据

环境有机污染物生物毒性及检测分析/汪素芳著.
—北京:化学工业出版社,2019.8
ISBN 978-7-122-34963-7

Ⅰ.①环… Ⅱ.①汪… Ⅲ.①有机污染物-污染物
分析 Ⅳ.①X132

中国版本图书馆 CIP 数据核字(2019)第 159445 号

责任编辑:刘兴春 刘 婧 装帧设计:韩 飞
责任校对:王 静

出版发行:化学工业出版社(北京市东城区青年湖南街 13 号 邮政编码 100011)
印 刷:三河市航远印刷有限公司
装 订:三河市宇新装订厂
710mm×1000mm 1/16 印张 12 彩插 4 字数 167 千字
2019 年 9 月北京第 1 版第 1 次印刷

购书咨询:010-64518888 售后服务:010-64518899
网 址:http://www.cip.com.cn
凡购买本书,如有缺损质量问题,本社销售中心负责调换。

定 价:78.00 元 版权所有 违者必究

前 言

全氟烷基酸（Perfluorinated alkyl acids，PFAAs）、有机磷酸酯（Organophosphate esters，OPEs）、有机汞类（Organomercury）和多环芳烃类物质（Polycyclic aromatic hydrocarbons，PAHs）是一类在环境中广泛存在、严重危害人类健康的有毒环境污染物，毒理学研究表明这些污染物能够对生物体造成多种损害，如具有肝毒性、免疫毒性、神经毒性、生殖发育毒性、内分泌干扰效应和致癌性等。对职业暴露及普通人群的流行病学调查发现，这些污染物在血液中的浓度与人类的一些疾病（如糖尿病、心血管、神经退行性疾病）及肿瘤（主要为肾癌、前列腺癌、睾丸癌、胰腺癌和肺癌）的发生呈显著正相关。目前，这些污染物的毒理学研究主要集中在动物实验、细胞水平和亚细胞水平，而对于其产生毒性作用的分子水平的机理研究较少。有毒污染物进入生命体内主要是通过以下几种途径产生毒性作用：经酶代谢转化为其他物质、抑制酶的活性、与生物大分子如受体相互作用等。因此要明确污染物的毒性分子机制，首先需要了解污染物在生物体内会与哪些靶分子发生相互作用。

本书基于以上的研究背景和理念，汇集了作者多年从事环境有机物毒性研究的成果。全书共分为 8 章：第 1 章主要介绍环境有机污染物的特征、分布及危害；第 2 章主要介绍生物大分子的生物学功能及测定；第 3 章主要介绍全氟烷基酸对赖氨酸脱羧酶的毒性作用；第 4 章主要介绍有机磷酸酯阻燃剂对赖氨酸脱羧酶的毒性作用；第 5 章主要介绍有机汞对精氨酸脱羧酶的毒性作用；第 6 章主要介绍多环芳烃对二胺氧化酶的毒性作用；第 7 章主要介绍环境有机污染物的分析及毒性检测；第 8 章对全书进行了总结与展望。

本书的部分内容来自笔者攻读博士学位期间的实验研究成果。郭良宏研究员和杨郁副研究员对笔者学术思想的形成给予了许多的帮助，在此表示衷心感谢。郑杰蓉、赵晓婵和李培瑞参与了全文的统稿和文字编辑，在此，对为此书的形成做出贡献的每个人表示感谢。

限于编著者水平及编著时间，书中不足和疏漏之处在所难免，敬请读者批评并提出修改建议。

汪素芳

2019 年 5 月

目 录

第 3 章　全氟烷基酸对赖氨酸脱羧酶的毒性作用　49

第 6 章　多环芳烃对二胺氧化酶的毒性作用　　115

第 7 章　环境有机污染物的分析与毒性检测　　130

───────── 第1章 ─────────

环境有机污染物的特征、分布及危害

1.1　环境有机污染物概述

目前环境中存在的有机污染物如全氟烷基酸（Perfluorinated alkyl acids，PFAAs）、有机磷酸酯（Organophosphate esters，OPEs）、有机汞（Organomercury）和多环芳烃（Polycyclic aromatic hydrocarbons，PAHs）是四类具有很强毒性的有机污染物。其中 PFAAs 具有很高的稳定性，在环境中难降解，能够远距离迁移，随食物链的传递在生物体内富集放大。PFAAs 在野生动物及人体的血液、肝脏、母乳和精液中都被检出，其对生态环境和人体健康的影响已经受到人们广泛关注。OPEs 作为溴代阻燃剂的主要替代品，凭借其良好的阻燃效果已广泛应用于化工、纺织、家居、建材以及电子等行业中，其产量与用量逐年上升。目前在水体、土壤、大气和室内灰尘中都可以检出 OPEs。OPEs 成了一种新型污染物，关于它的环境污染和毒性问题已逐步引起了人们的重视。汞是一种剧毒元素，在自然界中有 3 种存在形式，即元素汞、无机汞和有机汞。3 种形态的汞及其化合物都会对机体造成以神经毒性和肾脏毒性为主的多系统损害。有机汞由于具有亲脂性、生物累积效应和生物放大效应，其毒性往往是无机汞的几百倍。而 PAHs 作为大气细颗粒物 $PM_{2.5}$ 主要组成成分，在环境中的累积越来越严重地威胁着人类的健康，因此了解 PAHs 的致毒机制并发现其新的生物靶点对评估其对人体健康的危害也至关重要。这些有毒污染物进入生命体内主要是通过以下几种途径产生毒性作用：经酶代谢转化为其他物质、

1

抑制酶的活性、与生物大分子如受体相互作用等。本书主要考察的是有毒污染物对酶活性的影响，也就是这几类污染物是否会对某些酶的活性产生抑制作用，从而发现它们产生毒性作用新的靶标分子。氨基酸脱羧酶是生命体内多胺合成过程中最重要的一类酶，对于细胞的生长、发育和组织的修复是必不可少的。此外，多胺对于雄性、雌性生殖器官的发育和功能调节也具有很重要的作用，一些疾病如癌症的发生与多胺水平异常有关。二胺氧化酶作为生物体内具有高度活性的细胞内酶，在组胺和多种多胺代谢中起着重要作用。因此我们研究了这几类环境有机污染物与氨基酸脱羧酶和二胺氧化酶的相互作用，并综述了这几类有机污染物的分析检测手段和生物毒性检测方法。

1.2　全氟烷基酸

PFAAs是指烃类化合物中的氢原子部分或全部被氟原子取代后所形成的一类长碳链化合物，其通式一般为 $F(CF_2)_n\text{-}R$，其中R为亲水性官能团。由于PFAAs的氟烷基链中分子极性低，C—F键短，键能很大，约为110kcal/mol（1kcal≈4.1858kJ，下同），这使得PFAAs具有极强的物理化学稳定性，能经受很强的热、光照、化学作用、微生物和高级脊椎动物的代谢作用而很难被降解。PFAAs特别的化学结构使其具有良好的疏水、疏油、隔热、绝热等特殊性能。过去60多年中，PFAAs被广泛应用于纺织、造纸、包装、农药、地毯、皮革、地板打磨和灭火泡沫等工业和民用领域[1,2]。以全氟羧酸为例，全球PFCAs的直接排放量（通过制造，使用，消费类产品）估计达3200～6900t。通过前体化合物通过化学或生物降解形成的间接来源30～350t[3]。

根据全氟化合物分子中亲水取代基的不同，PFAAs可以分为很多小类，通常认为最主要的PFAAs为全氟烷基羧酸及其盐类（Perfluoroalkyl carboxylate，PFCAs）、全氟烷基磺酸及其盐类（Perfluoroalkyl sulfonates，PFSAs）和全氟调聚醇（Fluorotelomer alcohols，FTOHs）等。其中含有8个碳原子的全氟辛酸（Perfluorooctanoic acid，PFOA）和全氟辛烷磺酸（Perfluorooctane sulfonate，PFOS）是两种最典型的

PFAAs，也是多种 PFAAs 在环境中的最终转化产物，在环境和生物体内也最为常见，是目前环境科学领域研究关注的热点[4]。PFOA、PFOS 以及本研究涉及的其他全氟烷基酸的名称和分子式列于表 1.1，PFOA 和 PFOS 的物理化学特性列于表 1.2。

表 1.1 全氟烷基酸（PFAAs）的名称和分子式

化合物名称	缩写	英文全称	分子式
全氟丁酸	PFBA	Perfluorobutyric acid	$C_3F_7CO_2H$
全氟戊酸	PFPeA	Perfluoropentanoic acid	$C_4F_9CO_2H$
全氟己酸	PFHxA	Perfluorohexanoic acid	$C_5F_{11}CO_2H$
全氟庚酸	PFHpA	Perfluoroheptanoic acid	$C_6F_{13}CO_2H$
全氟辛酸	PFOA	Perfluorooctanoic acid	$C_7F_{15}CO_2H$
全氟壬酸	PFNA	Perfluorononanoic acid	$C_8F_{17}CO_2H$
全氟癸酸	PFDA	Perfluorodecanoic acid	$C_9F_{19}CO_2H$
全氟十一酸	PFUnA	Perfluoroundecanoic acid	$C_{10}F_{21}CO_2H$
全氟十二酸	PFDoA	Perfluorododecanoic acid	$C_{11}F_{23}CO_2H$
全氟十三酸	PFTrDA	Perfluorotridecanoic acid	$C_{12}F_{25}CO_2H$
全氟十四酸	PFTeDA	Perfluorotetradecanoic acid	$C_{13}F_{27}CO_2H$
全氟十六酸	PFHxDA	Perfluorohexadecanoic acid	$C_{15}F_{31}CO_2H$
全氟十八酸	PFOcDA	Perfluorooctadecanoic acid	$C_{17}F_{35}CO_2H$
全氟丁烷磺酸	PFBS	Perfluorobutane sulfonate	$C_4F_9SO_3H$
全氟己烷磺酸	PFHxS	Perfluorohexane sulfonate	$C_6F_{13}SO_3H$
全氟辛烷磺酸	PFOS	Perfluorooctane sulfonate	$C_8F_{17}SO_3H$

表 1.2 PFOA 和 PFOS 的物理化学特性

项目	PFOA	PFOS
分子式	$C_8HF_{15}O_2$	$C_8HF_{17}O_3S$
摩尔质量/(g/mol)	414.07	500.13
熔点/℃	189～192	133
沸点/℃	40～50	>400
蒸气压/Pa	4.2(25℃)	3.31×10^{-4}(20℃)
水中溶解度(20℃)/(mg/L)		
纯水	3400	680

续表

项目	PFOA	PFOS
淡水	未检出	370
海水	未检出	12.4
亨利常数/(atm·m³/mol)	4.6×10^{-6}	3.4×10^{-9}
酸度系数/Pa	2.5	-3.3
水分配系数/Pa	未检出	-1.08

注：1atm≈101325Pa，下同。

　　PFAAs 中的 PFOS 和 PFOA 具有持久性、生物富集性、生物毒性以及长距离环境传输等特性，符合《斯德哥尔摩公约》定义的对持久性有机污染物（POPs）的筛选条件。因此于 2009 年 5 月将 PFOS 及其盐类连同前体化合物，全氟辛烷磺酰氯（Perfluorooctane sulfonyl fluoride，POSF）正式添加至《斯德哥尔摩公约》中，旨在于全球范围内限制其生产和使用[5]。

1.2.1　PFAAs 的污染现状

　　20 世纪 60 年代，美国 3M 公司利用电化学氟化法（Electrochemical fluorination，ECF）开始生产全氟化合物。1966～2000 年，PFOS 及其盐类和 PFOS 前驱体 POSF 的产量逐年上升。特殊的性质使其在纺织、皮革、造纸、地毯、农药、洗发剂、灭火剂等工业和消费品领域得到了广泛应用。据统计，1970～2002 年，包括 PFOS 前体物在内的所有 PFOSF 相关的物质在全世界的产量约为 9.6 万吨，其中 PFOS 的产量约为 470t[6]。我国 PFOS 类产品生产开始于 1986 年，远远晚于发达国家。2003 年 3M 公司停止生产 PFOS 类物质后，PFOS 类物质的生产大规模向我国转移，致使我国 PFOS 的产量出现了快速增长，最高年产量达 250t，截至 2011 年我国已累计生产 PFOS 类物质近 1800t[7]。

　　尽管 PFOA 和 PFOS 属于低挥发性物质，然而它们的前体物质具有挥发性，可以通过大气长距离迁移到偏远地区并转化为 PFAAs。全球范围内许多环境介质中都有检出 PFAAs。这些环境介质包括地表水、土壤、大气、淤泥、沉淀物以及冰冠。例如，东太平洋海域、苏鲁海域、南中国海域、拉布拉多海域、大西洋北部海域以及韩国、日本、中国沿海海域中均有 PFAAs 的存在，浓度在 pg/L 级至 μg/L 级之间，其中 PFOA 和 PFOS 的检出浓度最高[8]。PFOS 的同系物，全氟丁烷磺酸（PFBS）和全氟己烷磺酸（PFHxS）在许多日本城市的地表水和淡水中都可以检出[9]。在中国地表水中也可以检出 PFAAs，So 等对香港特别行政区、珠江三角洲（包括中国南海）沿海水样进行检测，发现PFOA 的浓度分别为 0.73～5.5ng/L 和 0.24～6.6ng/L，PFOS 的浓度分别为 0.09～3.10ng/L 和 0.02～12.0ng/L[10]。通常，水样中 PFOA的检出浓度在 ppb 级（即 10^{-9}）水平，有报道表明美国西弗吉尼亚州PFOA 检出浓度可以达到 3.5×10^{-9}[11]；对环境大气中 PFAAs 的检测发现，城市大气中 PFAAs 的含量普遍比乡村高，工业发达地区空气中的含量高于不发达地区。Harada 等研究表明，在日本不同城市大气中，PFOA 的浓度范围为 0.07～0.9ng/m^3，且交通繁忙地带中 PFOA 的水平高于正常城市道路上空的水平[12]，美国一家含氟聚合物生产商周边区域大气中的浓度为 0.12～0.9μg/m^3[13]。PFOS 的两种前驱体，N-甲基-全氟辛烷-亚磺酰胺基乙醇和 N-乙基-全氟辛烷-亚磺酰胺基乙醇（N-EtFOSE）在加拿大的空气样品中也可以检出，浓度在 pg/m^3 级别[14]。此外，Shoeib 等对加拿大室内灰尘样品的检测发现，PFOA、PFOS 和 PFHS 的平均浓度分别为 100×10^{-9}、450×10^{-9} 和 400×10^{-9}[15]；在许多国家的土壤、污泥、沉积物和废水中都可以检出PFOA 和 PFOS[16]。美国西弗吉尼亚州一家氟化物工厂附近的干土中检测到 PFOA 的浓度范围为 0.017～700ng/g。PFOA、PFOS 和许多PFAAs 中间物在旧金山港湾区污泥和沉积物中的浓度范围均在 ng/g 级别；由于 PFAAs 具有长距离迁移的特性，在偏远的地区也能检测到其存在。Young 等调查 1996～2005 年北极冰冠的样品发现，全氟烷基酸的浓度在 ng/m^3 的范围，并且浓度变化呈现季节性，在春夏季浓度最高[17]。

1.2.2　PFAAs 在人体内的暴露水平

环境中的 PFAAs 进入人类体内的途径主要包括饮水、食物、皮肤接触以及空气和室内粉尘吸入等[18-20]。早在 1968 年科学家就在人类血液中检测到氟化物。对世界各地普通人群进行关于 PFAAs 的流行病学研究始于 2000 年，而对职业人群的检测开始的更早。在大多数情况下，职业人群血清中 PFOA 和 PFOS 的含量要比普通人群高约一个数量级。PFOS、PFOA 和 PFHxS 是人体血液中最常见的 3 种 PFAAs[21]。Kannan 等[22] 对来自不同国家的 473 份血样进行检测，发现所测的 4 种 PFAAs（PFOS、PFHxS、PFOA 和 FOSA）中 PFOS 在人群血液中含量最多。此外，美国和波兰的血样中 PFOS 的浓度最高（＞30ng/mL）。韩国、比利时、马来西亚、巴西、意大利和哥伦比亚血样中，PFOS 的浓度范围为 3～29ng/mL。印度血样中 PFOS 浓度最低，浓度小于 3ng/mL。除印度和韩国以外，以上国家的血样具有一个共同特点就是 PFOS 的含量较高，而 PFOA 的含量相对较低。我国普通人群血清中 PFOA 的含量为 1.59ng/mL，PFOS 的含量为 52.7ng/mL，PFOS 含量明显高于美国及日本血清平均水平[23]。其他全氟化合物如 PFBS、PFNA、PFDoA、PFTeDA 等也陆续在人群血液样品中被检出[24]。另外，在母乳、肝脏、肾脏、脂肪组织、精液和脐带血中也检测到不同浓度的 PFAAs[25-32]。Maestri 等应用 LC/MS 技术研究了 PFOA 和 PFOS 在正常人组织中的分布，发现 PFOA 在人体内肺脏中的含量最高，而 PFOS 在肝脏中的含量最高[33]。PFAAs 在不同国家人群内的比较见图 1.1。

1.2.3 PFAAs 的毒性及健康危害

动物实验证实，PFOS 和 PFOA 表现为中等毒性。PFOS 的大鼠半致死剂量（LD_{50}）为单次口服剂量 251mg/kg，吸入 1h 的 LD_{50} 为 5.2mg/L。PFOA 经口急性毒性较低，估计雄性大鼠和雌性大鼠的 LD_{50} 分别为 540mg/kg 和 250～500mg/kg。而 PFOS 和 PFOA 在体内不能进一步代谢，这些物质进入体内只能依靠排泄才能消除它们对机体的毒性作用。研究发现，PFAAs 在生物体内的代谢速率与碳链长度相关，通常长链的全氟烷基酸的半衰期要长于短链的全氟烷基酸。例如，

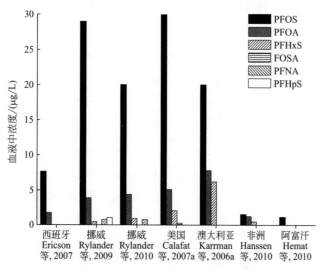

图 1.1 PFAAs 在不同国家人群内的比较[34]

在人体内 PFOS 的半衰期长达 5.4 年，PFOA 为 3.8 年[35,36]。此外，PFAAs 在动物体内的代谢速度存在着性别和种属差距。据统计，PFOA 的清除速度从快到慢为：雌性大鼠＞雄性大鼠＞小鼠＞猴＞人[37-40]。这意味着 PFAAs 在人体中的半衰期比其他动物更长，一旦进入人体，将很难被排出体外。PFAAs 的长期存在对人类健康的影响不容忽视。本节将对文献报道的 PFAAs 的毒性机制研究现状进行总结，主要包括肝脏毒性、免疫毒性、生殖和发育毒性和内分泌干扰作用等。

1.2.3.1 肝脏毒性

肝脏是 PFAAs 最重要的靶器官之一，肝毒性是暴露 PFAAs 后最明显也最为典型的毒性效应。长期暴露 PFOS 和 PFOA 后，可引起实验动物体重下降、肝大、形成空泡、脂代谢改变、血脂降低以及啮齿类动物肝细胞腺瘤及肿瘤的发生。研究表明非遗传性致癌物质对肿瘤（主要是肝脏）的诱发通常是通过激活过氧化物酶体增殖剂激活的受体 α（Peroxisome proliferator-activited receptor α，PPARα）。近年来有研究表明与啮齿类动物肝毒性和肝癌形成相关的 PPARα 激活事件还伴随有相关基因的改变、细胞周期的控制以及细胞凋亡[41]。随后的一系列研究工作致力于研究 PFOS 和 PFOA 引起的大鼠肝毒性是否与激活 PPARα 相关。

一系列的研究发现 PFOS 和 PFOA 能够诱导过氧化物酶增殖。Sohlenius 等首先报道了 PFOS 具有过氧化物酶体增殖的能力[42]。由于 PFAAs 的两亲性以及酸性结构与 PPAR 的天然配体脂肪酸以及氯贝特类药物相似，关于体外及体内的多个研究逐步确认 PFAAs 是 PPARα 的配体，能够激活 PPARα 信号通路[43-46]。如 Heuvel 等利用体外荧光素酶表达体系证明了 PFOS 和 PFOA 能够激活小鼠、大鼠和人源的 PPARα，而且人源 PPARα 相比于大鼠对 PFOS 和 PFOA 具有较高的响应性[47]。通过比较 PFOS 和 PFOA 的 PPARα 激活效率，可以发现羧酸取代要强于磺酸基取代。此外，不同碳链长度的 PFAAs 对 PPARα 受体蛋白的激活作用也不同，当碳链长度小于 9C 时，碳链越长 PPARα 的激活效应越强，当碳链大于 9C 时，其 PPARα 的激活效应又反而开始下降[42,48,49]。对大鼠的研究发现，PFAAs 除了对 PPARα 有影响之外，同时也能激活孕烷 X 受体（Pregnane X receptor，PXR）和组成型雄甾烷受体（Constitutive androstane receptor，CAR）[47,50,51]，而 PFAAs 对 PPARγ[51,52] 和 PPARβ/δ[51] 的激活作用研究报道较少。PFAAs 引起的肝脏毒性与 PPARα 的激活有关。PPARα 的激活可以开启一系列下游基因的表达，从而使动物肝脏过氧化物酶体增殖，进而影响后续的脂肪酸和胆固醇代谢，最终使肝细胞变得肥大[53]。前面已经说过非遗传性致癌物质对肿瘤（主要是肝脏）的诱发通常是通过激活 PPARα，因此 PFAAs 也可能会通过激活 PPARα 诱导肝癌。

虽然 PFAAs 可以激活 PPARα，但是进一步的研究发现，在敲除 PPARα 基因的动物体内，PFAAs 的暴露仍然可以引起肝脏重量增加，脂质代谢紊乱等[54,55]，说明 PPARα 不是 PFAAs 引起肝毒性以及脂代谢紊乱的唯一途径。

1.2.3.2 免疫毒性

研究发现 PFAAs 对动物的免疫系统也具有显著的干扰作用。Yang 等[56-59] 发现高剂量的 PFOA 对小鼠饮食暴露 7～10d 后可导致小鼠变得消瘦，胸腺和脾脏重量下降；胸腺和脾细胞分别减少了 90% 和 50%，这可能是由于 PFOA 抑制了细胞的增殖；同时胸腺中未成熟的 CD4$^+$ 和 CD8$^+$ 细胞明显减少，脾脏中的 T 细胞和 B 细胞也受到影响；在胸腺及脾脏萎缩的同时还伴有肝脏重量增加和细胞增殖。但在 PPARα 敲除的小鼠中 PFOA 并没有引发胸腺和脾脏重量的降低以及胸腺和脾脏细胞数量的减少，这说明 PFOA 的免疫行为可能受到 PPARα 信号通路的调控。这种相似的效应同样在 PPARα 缺陷型和 WY-14643 处理的野生型小鼠中观察到，其中 WY-14643 是一种典型的 PPARα 激活剂。这也就进一步证明 PFOA 产生的效应受到了 PPARα 通路的干扰。但近年来多项研究证明在 PPARα 基因敲除的小鼠内，PFAAs 暴露也可以观察到免疫毒性，这说明免疫毒性还存在其他机制，这些具体的机制有待进一步研究。

1.2.3.3　生殖发育毒性

大量动物实验证明，低剂量的 PFOA 和 PFOS 暴露不能够引起新生胎儿的明显畸形，但在最高剂量下，PFAAs 可导致早期流产、胎儿体重下降、出生呼吸窘迫、骨化延迟、生长发育迟缓、腭裂和心脏异常[60-63]。Lau 等[62] 研究发现，孕鼠暴露高剂量的 PFOS（10mg/kg，BW/d）后，出生的子鼠颜色苍白、行动缓慢，30～60min 内便出现子鼠死亡现象；当孕鼠的暴露剂量减少为 5mg/(kg 体重·d) 时，子鼠能够存活 8～12h，之后 95% 的子鼠在出后第一天内便全部死亡。若产前暴露孕鼠，子鼠的睁眼时间会延后。PFOA 长期暴露鼠类后也会产生生殖和发育毒性，但由于大鼠对 PFOA 的清除能力与性别有很大关系，即雄鼠排出能力要弱于雌鼠，如 PFOA 能够引起第一代雄性新生大鼠体重下降，肝和肾脏重量增加，而两代内的雌性大鼠并没有发生明显变化，因此使得小鼠和大鼠对 PFOA 的暴露产生不同结果。关于 PFOA 对 CD-1 小鼠的生殖毒性研究发现，在 20mg/(kg 体重·d) 的剂量下，PFOA 可使胎鼠的存活率以及体重相应降低，该结果与 PFOS 类似[38]。Abbott 等应用 PPARα 基因敲除的小鼠与野生型小鼠暴露 PFOA 后，发现基因敲除的小鼠内产生的部分生殖毒性与野生型小鼠没有明显区别，这说明 PFOA 导致的生殖毒性不能完全归因于 PPARα 通路的激活[64]。

PFOS 对生殖系统的破坏不仅仅局限于哺乳动物，在对鸡[65]、鸭、鹌鹑[66]、青蛙[67] 以及鱼类的研究中发现，PFAAs 的生殖毒性也存在于这些动物中。如 PFOS 暴露会影响白来杭鸡鸡蛋的孵化能力，以及导致 14 日龄的鹌鹑存活率下降。

1.2.3.4 内分泌干扰毒性

20 世纪 80 年代，Langley 和 Pilcher 以及 Gutshall 首次报道了 PFAAs 对甲状腺激素的干扰效应[68,69]。大鼠暴露 PFDA 后，体内甲状腺素（Thyroxine，T4）和三碘甲状腺素（Triiodothyronine，T3）浓度会明显降低并同时伴随体温下降以及心率变缓等症状。关于 PFAAs 的其他研究发现，PFOS 暴露也能够引起大鼠血液中 T4 和 T3 水平降低。但有趣的是，PFOS 对促甲状腺激素（Thyroid-stimulating hormone，TSH）的水平并没有影响，说明 PFOS 与 PFDA 类似，能够在甲状腺激素与其蛋白在结合过程中发生竞争取代反应。之后 Weiss 等[70] 研究发现 PFAAs 能够竞争取代 T4，从而与甲状腺转运蛋白（Transthyretin，TTR）相结合，这可能是 PFAAs 引起甲状腺激素水平降低的一个原因。其中 PFAAs 与 TTR 的结合能力为 PFHxS＞FPOS/PFOA＞PFHpA＞PFNA，但它们都比与 T4 的结合能力低 12.5～50 倍。Yu 等考察了 PFOS 对甲状腺激素蛋白表达的影响，发现 PFOS 能够导致 TTR 在 mRNA 水平上调表达 150%[71]。动物实验证明 PFAAs 能够干扰甲状腺系统，通常是引起甲状腺激素水平降低。但是对于人类目前只有流行病学调查发现人类体内 PFAA 水平与甲状腺激素水平有相关性[72-74]。

有报道表明 PFAAs 除了对甲状腺激素造成紊乱之外，对性激素的生物合成也能够产生影响。如雄鼠暴露 PFOA 14d 后，会导致体内血液和睾丸中睾酮（Testosterone，T）含量降低，血液中雌二醇水平升高。雌二醇浓度的升高可能与肝脏芳香酶诱导性激素的合成有关，而且性激素的改变常常与睾丸间质细胞腺瘤化相关[4,75]。Zhao 等[76] 对

PFAAs 干扰雄性激素睾酮的机制研究发现，PFOA 可以抑制 3β-羟类固醇脱氢酶和 17β-羟类固醇脱氢酶的表达，从而干扰睾酮的合成。PFAAs 除干扰性激素的合成之外，还起着类雌二醇的作用，与雌激素受体（Estrogen receptor，ER）相结合，激活信号通路，开启靶基因的表达。Benninghoff 等[77] 首先通过同位素探针竞争法证明了 PFAAs 与 ER 的结合，并表现为 ER 激活效应。笔者课题组利用 SPR 方法研究了 PFAAs 与 hER 的结合能力，其结果与 Benninghoff 所得结论基本一致[78]。

1.2.3.5 其他毒性

研究发现，PFAAs 暴露能够使肝细胞腺瘤、莱氏细胞腺瘤、胰腺细胞腺瘤增生的发生率显著增加。而且 PFOA 能够促进雄性 Wistar 大鼠肝癌恶性肿瘤的发生[4]。在流行病学调查中发现，PFAAs 的暴露也与许多肿瘤的发生存在明显的正相关性，相关性较高的有肾癌、前列腺癌、胰腺癌、睾丸癌等，关于乳腺癌和卵巢的报道也不少[79-83]。PFAAs 还会影响神经系统，改变动物的学习记忆能力和运动能力。Johansson 等[84] 采用低剂量的 PFOA 和 PFOS 单次口服暴露出生后 10d 的小鼠，4 个月后观察小鼠的自发行为和习惯化行为，发现 PFOS 和 PFOA 暴露后的小鼠与对照组相比自发行为错乱，习惯化能力下降。虽然 PFAAs 暴露与糖尿病是否存在相关性在动物实验中并不明显，但在人类的流行病学调查中都发现 PFAAs 暴露会导致人类的糖尿病[85]。

1.3 有机磷酸酯阻燃剂

近年来随着溴代阻燃剂逐步在世界范围内禁用，有机磷酸酯阻燃剂（Organophosphate esters，OPEs）作为其主要替代品，凭借良好的阻燃效果广泛应用于建材、化工、纺织以及电子行业，其产量与用量逐年快速上升[86]。

表 1.3 列出了目前主要 OPEs 的名称、化学结构、物理性质和用途[87]。根据取代基的不同，OPEs 主要分为烷基取代、氯代取代以及芳香取代。从表 1.3 中可以看出 OPEs 具有相同的磷酸基团，其物理化

表 1.3 主要 OPEs 的化学结构、物理性质以及应用领域

缩写	OPEs 英文名	取代基	分子式	水蒸气压力/Torr	应用范围
TMP	Trimethyl phosphate	$R_1=R_2=R_3=$ —CH_3	$C_3H_9O_4P$	8.50×10^{-1}	工业生产
TEP	Triethyl phosphate	$R_1=R_2=R_3=$	$C_6H_{15}O_4P$	3.93×10^{-1}	阻燃剂，塑化剂
TPrP	Tripropyl phosphate	$R_1=R_2=R_3=$	$C_9H_{21}O_4P$	4.33×10^{-3}	阻燃剂，塑化剂
TiBP	Tri-*iso*-butyl phosphate	$R_1=R_2=R_3=$	$C_{12}H_{27}O_4P$	1.28×10^{-2}	塑化剂，液压机液体，地板抛光剂，蜡，定型剂，胶水，防沫剂，工业生产
TnBP	Tri-*n*-butyl phosphate	$R_1=R_2=R_3=$	$C_{12}H_{27}O_4P$	1.13×10^{-3}	阻燃剂，塑化剂，地板抛光剂，蜡，定型剂
TBEP	Tributoxyethyl phosphate	$R_1=R_2=R_3=$	$C_{18}H_{39}O_7P$	2.50×10^{-8}	涂料，胶水，防沫剂

续表

缩写	OPEs英文名	取代基	分子式	水蒸气压力/Torr	应用范围
TEHP	Tri(2-ethylhexyl) phosphate	$R_1=R_2=R_3=$ [结构]	$C_{24}H_{51}O_4P$	8.45×10^{-8}	阻燃剂、塑化剂、防霉剂
TCEP	Tri(2-chloroethyl)phosphate	$R_1=R_2=R_3=$ [结构]	$C_6H_{12}Cl_3O_4P$	6.13×10^{-2}	阻燃剂、塑化剂、定型剂、涂料、胶水、工业生产
TCPP	Tri(chloropropyl)phosphate	$R_1=R_2=R_3=$ [结构]	$C_9H_{18}Cl_3O_4P$	2.02×10^{-5}	阻燃剂、塑化剂、工业生产
TDCP	Tri(dichloropropyl)phosphate	$R_1=R_2=R_3=$ [结构]	$C_9H_{15}Cl_6O_4P$	7.36×10^{-8}	阻燃剂、塑化剂、定型剂、涂料、胶水、工业生产
TPhP	Triphenyl phosphate	$R_1=R_2=R_3=$ [结构]	$C_{18}H_{15}O_4P$	6.28×10^{-6}	阻燃剂、塑化剂、定型剂、涂料、胶水、液压机液体
TCrP	Tricresyl phosphate	$R_1=R_2=R_3=$ [结构]	$C_{21}H_{21}O_4P$	6.00×10^{-7}	阻燃剂、塑化剂、涂料
EHDPP	2-Ethylhexyl diphenyl phosphate	$R_1=$ [结构] $R_2=R_3=$ [结构]	$C_{20}H_{27}O_4P$	6.49×10^{-7}	阻燃剂、塑化剂

注：1Torr=133.3223684Pa。

学性质主要取决于与磷酸基团相连的被酯化的醇类基团，因此它们的物理化学性质存在很大的差异。例如，取代基为甲基的三甲基磷酸酯（Trimethyl phosphate，TMP）的辛醇-水分配系数（$\lg K_{ow}$）值为-0.65，表现出很强的极性和挥发性。而长链烷基取代的三（2-乙基）已基磷酸酯［Tri(2-ethylhexyl) phoshate，TEHP］的$\lg K_{ow}$值为9.49，则具有难溶于水和不易挥发的性质。物理化学性质的差异导致了OPEs应用领域的差异。其中不含氯原子的直链烷烃取代的OPEs主要作为增塑剂、湿法冶金中的非离子萃取剂和涂料以及地板蜡中的抗发泡剂[88-90]。而直链烷烃取代的OPEs中的磷酸三正丁酯（Tri-n-butyl phosphate，TnBP）则是一种核燃料处理工艺中重要的萃取剂[91,92]。另外两种氯代和芳香取代的OPEs则主要作为阻燃添加剂添加到塑料制品、电子设备、纺织物以及建筑、家装材料中[93]。OPEs的应用研究最早开始于20世纪70年代[94]，80年代成为研究热点[95,96]。90年代初，由于烷基和芳香取代的OPEs被认为可以自行降解，相关研究逐渐减少。直到Carlsson等[97]于1997年在室内灰尘中检测到了多种OPEs，氯代OPEs在环境风险评估中被确定为具有环境持久性，先后两次被列入优先控制名单[98]。OPEs作为一种新兴有机污染物，逐渐得到各国研究机构的重视，相关研究又一次展开。同时，随着人们对溴代阻燃剂的健康效应的关注以及2004年欧洲国家对五溴联苯醚和八溴联苯醚的禁用，全球范围内OPEs的产量与用量快速上升。据来自欧盟协会的统计结果发现，西欧2001年OPEs的产量为83000t，2005年的产量为85000t，2006年增至91000t，比2005年增长了7.1%，比2001年增长了9.6%。而我国2007年OPEs生产量达7万多吨，出口4万多吨，可以预见我国将成为世界上主要的OPEs生产国家。

由于OPEs主要以物理添加方式而不是以更为牢固的化学键合作用加入材料中，这使得添加材料中的OPEs类物质进入环境中的概率增加。因此，作为一类新兴有机污染物，OPEs已经受到美国和欧洲诸国的高度关注。近几年有关OPEs的污染水平和毒性效应已开展了初步研究。

1.3.1 OPEs 的污染现状

OPEs 作为阻燃剂已经使用了数十年，从 20 世纪 80 年代开始逐渐有研究报道在水体[99-101]、大气[102,103]、土壤及沉积物中可以检测出 OPEs。如在欧盟许多国家的污水处理厂（WWTPs）中可以检出 OPEs。Marklund 等[104] 考察了瑞典 11 座 WWTPs 中 12 种 OPEs 的污染情况，发现三丁氧基磷酸酯（Tributoxyethyl phosphate，TBEP）的浓度高达 35μg/mL。此研究同时还测定了活性污泥中 OPEs 的浓度，主要检出了磷酸-2-乙基己酯二苯酯（2-Ethylhexyl diphenyl phosphate，EHDPP）、三氯丙基磷酸酯［Tri（chloropropyl）phosphate，TCPP］以及三丁氧基磷酸酯（Tributoxyethyl phosphate，TBEP），其中 TCPP 的平均浓度最高为 3.5μg/g。地表水中的 OPEs 主要来源于污水排放[105,106] 或附近使用材料中 OPEs 的释放[107]，固体垃圾的陆地填埋或海洋排放过程，会使 OPEs 向地下水[108] 或海水[98] 中释放。研究发现，德国 Ruhr 河中监测到 7 种 OPEs，且大部分 OPEs 的浓度在 10～200ng/mL，最高浓度出现在一座 WWTPs 排水口所处的下游河道中[109]。我国太湖中 OPEs 的浓度在 1000～2700ng/L[110]。各种塑料制品以及家具家装材料是室内 OPEs 的主要来源[111,112]，如聚亚安酯的保温隔热材料是室内环境中氯代 OPEs 的主要来源[113]，电视机以及电脑显示器是三苯基磷酸酯（Triphenyl phosphate，TPhP）的主要释放源，TBEP 主要添加于地板抛光剂中[86]。Stapleton 等[114] 检测了 2003 年和 2009 年在美国销售的多种家具与装饰品中的 OPEs 种类，26 个样品中 16 个样品都检出了三（二氯丙基）磷酸酯［Tri（dichloro-propyl）phosphate，TDCP］和 TCPP。室内空气中氯代 OPEs（TDCP、TCEP 和 TCPP）的总浓度一般不超过 150ng/m^3[115-117]，而非氯代 OPEs 的总浓度一般为 10～100ng/m^3[97]。瑞典室内空气中检出浓度最高的 OPEs 为 TCEP[116,118]，但日本东京室内环境中 TCPP 的浓度高达 1260ng/m^3，所测得的浓度甚至高于同时测定的溴代阻燃剂[119]。室外环境中的 OPEs 主要来源于广泛使用的装饰材料以及私家车，尤其是机场周边和交通繁忙的地区。城市降尘样品中 OPEs 的总浓度比较相近，均为 $0.1 \sim 1 \mu g/g$ [120,121]。OPEs 进入土壤及沉积物中的途径包括含阻燃剂物质垃圾的填埋过程[122]、污水灌溉过程[123]、WWTPs 中活性污泥的堆肥处理[124,125] 和空气中 OPEs 的沉降[126] 等。土壤中 OPEs 浓度基本小于 $10ng/g$（干重）[127]，沉积物中 OPEs 的浓度大概在几十个 $10ng/g$ 水平[128]。虽然 OPEs 至今没有被列入 POPs 名单，但是有些 OPEs 如 TCEP 所具有的物理化学性质，使其已表现出了成为 POPs 的可能。

1.3.2 OPEs 在人体内的暴露水平

鉴于 OPEs 已广泛分布于各种环境介质中，因此需要考察 OPEs 对人体的暴露影响以及潜在的健康效应。一般认为 OPEs 进入生物体内主要是通过食物摄入、皮肤吸收和呼吸过程吸入[119,129,130]。如动物实验研究表明部分 OPEs 包括 TCEP、TDCP、三甲苯基磷酸酯（Tricresyl phosphate，TCrP）和 TnBP 很容易通过胃肠道快速吸收进入体内[131,132]，而 TDCP 还可以通过皮肤接触被吸收[132]。对于烷基取代的 OPEs，链长越短越容易被生物体吸收[133]。人体脂肪组织中 TDCP 的最高浓度可达 $260ng/g$ [134,135]。Schindler 等[136,137] 基于建立的 SPE-GC-MS 方法在人体尿样中检出了 OPEs 代谢物，又一次证明 OPEs 可以进入人体中以及人体对 OPEs 具有一定的转化代谢能力。此外，在母乳中也发现了 OPEs 的存在[138,139]，在人体血液中 OPEs 虽有检出，由于保存血液所用塑料容器有可能造成 OPEs 污染，因此难以确认其真实污染水平。

1.3.3 OPEs 的毒性及健康危害

早期对于 OPEs 的毒性研究开展的比较充分[140-143]，但由于目前广泛应用的 OPEs 与之前所应用的 OPEs 结构差异较大，因此针对目前常用 OPEs 中的几种开展了毒性研究，包括 TDCP、TCEP、TCrP 和 TnBP 等。一般认为分子中含有卤素元素会增加化合物的毒性，如 TCEP 对兔暴露 4h 后的半致死剂量 LD_{50} 大于 $5000mg/m^3$，而 TDCP

暴露兔 1h 后的 LD_{50} 大于 9800mg/m³。对于芳香取代 OPEs，TCrP 对雄性小鼠持续灌胃 72h 后的 LD_{50} 平均值为 155mg/kg（范围为 130～184mg/kg）。TnBP 暴露兔 1h 后的半致死剂量 LD_{50} 为 28000mg/m³。总体结果显示 OPEs 为低毒性化合物。目前还没有报道这些物质进入体内主要富集于哪些特定的组织和器官。对大鼠的排泄物研究发现，TD-CP、TCEP 和 TnBP 进入体内主要依靠 Phase Ⅰ 和 Phase Ⅱ 的酶作用进行代谢，代谢产物最终通过尿液快速排出。TCrP 在体内的排泄具有剂量效应和同分异构特异性。此外，不同物种和性别之间对 TCEP 的代谢和排泄作用也是不同的，如雌性大鼠对高剂量 TCEP 的排泄弱于雄性大鼠，而小鼠对 TCEP 的清除要快于雄性和雌性大鼠。人类对 TCEP 的代谢与雄性大鼠相近，包括生成主要的代谢产物。本节将对文献报道的 OPEs 的毒性机制研究现状进行总结，主要包括神经毒性、生殖发育毒性和免疫毒性等。

1.3.3.1　神经毒性

目前除了 TCrP，还没有其他磷酸酯阻燃剂对人类神经系统影响的数据。FMC 的研究发现，工人在暴露 TCrP 后并没有表现出不良的神经临床反应，以及神经末梢区域感官和神经运动传导速度上的重大变化。但值得注意的是，许多研究证明人类在长期食用三邻甲苯磷酸酯（TOCP）污染的食物后，神经系统会受到影响[144]。动物实验证明，在急性、中间体或者是慢性暴露 TCEP 后，会导致大鼠脑损伤，这种现象对于雌性大鼠尤为明显[145,146]，而损伤主要发生于海马体、大脑皮层和脑干。如 F344 雌性大鼠经过短时间填喂后，身体出现痉挛，7d 后出现 CAI 区域海马椎体细胞的缺失以及记忆能力被显著削弱[145]。一些磷酸酯阻燃剂包括 TCrP 和 TCEP 在高剂量暴露下通过磷酸化丝氨酸羟基抑制乙酰胆碱酶（Acetylcholinesterase，AChE）的活性[147]。对 AChE 活性的抑制可引起乙酰胆碱在烟碱和毒蕈碱型受体中不断累积，从而导致一些神经毒性典型的症状，并且症状的严重程度与 OPEs 的吸收量有关。芳香取代的 OPEs 还可以引起类似于有机磷农药的迟发型神经毒性（OPIDN），即一种神经退行性疾病[147-149]，该病的主要特征是周围神经轴突的变性降解[150,151]。目前认为具有磷脂酶 B（Phospholipase B，PLB）和溶血酯酶（Lysopholipase，LysoPLA）活性的神经病靶酯酶（Neuropathy target esterase，NTE）是 OPIDN 的主要靶标。中国科学院动物研究所的伍一军等[152]，以成年鸡和小鼠为实验动物，比较研究了这 2 种对 OPIDN 敏感性完全不同的动物在暴露 TOCP 后其神经系统（脑、脊髓和坐骨神经）在不同时间点的 NTE、LysoPLA 和 PLB 活性及其底物卵磷脂（Phosphatidylcholine，PC）和溶血卵磷脂（Lysophosphatidylcholine，LPC）稳态变化。结果发现，TOCP 对鸡和小鼠神经组织中 PC 和 LPC 的稳态并没有影响，进一步分析发现，TOCP 对这 2 种动物神经组织中 NTE、LysoPLA 和 PLB 活性的抑制表现出不同的特点，小鼠神经组织中这 3 种丝氨酸水解酶受 TOCP 抑制及其后恢复的速率均高于母鸡，提示 OP 在小鼠体内代谢速率及其代谢物的消除都比鸡的要快，而起动 OPIDN 的发生则需要 OP 抑制这些酶达到一定程度并保持一定的时间。根据上述比较研究的结果，研究小组首次提出鸡和小鼠对 OPIDN 易感性及其毒性症状的差异可能与 OP 对这 2 种动物神经组织中的 NTE、LysoPLA 和 PLB 的抑制模式不同有关。在细胞水平上，以未分化和分化的 PC12 细胞为模型，考察了 TDCP、TCEP、TCPP 对 DNA 的合成、氧化应激、细胞分化的神经元类型（多巴胺和类胆碱）、细胞数目、细胞生长以及神经轴突生长的影响[153]。实验发现 TDCP 的神经毒性具有浓度依赖性，可以抑制 DNA 的合成，加快氧化应激以及促进细胞分化为多巴胺和类胆碱神经元类型。TCEP 和 TCPP 可使细胞分化为类胆碱神经元类型。而且 TDCP 在长期低剂量暴露于孕期的斑马鱼后，可引起 F1 代幼鱼的神经发育毒性，包括发育神经系统生物靶基因表达的下调、神经递质含量的降低以及自由活动行为的减少[154]。

1.3.3.2　生殖发育毒性

流行病学调查发现室内灰尘中的 TPhP 和 TDCP 会抑制人体内荷尔蒙水平，并显著降低男性精液质量[155]。动物实验表明，小鼠在长期口服 TCEP 后会导致生育能力下降，如精液的浓度、精子能动性和不规则性都受到了影响[156]，且这种影响对于雄性小鼠来说更为敏感。暴露 TCrP 后，大鼠和小鼠的生殖能力均下降[157-159]，尤其对于大鼠，TCrP 对大鼠的肾上腺皮质和卵巢具有毒性效应，可影响大鼠输精管与子宫重量，对大鼠的繁殖能力产生破坏性影响[158,160,161]。对于 OPEs 是否与人类的发育情况具有相关性，目前还没有这方面的流行病学调查。而对于口服暴露 OPEs 对实验动物发育系统的影响在 20 世纪 80 年代已开展了初步研究，尤其是在妊娠期的暴露[157,159,160,162-165]，但这些研究并没有给出胎儿毒性和致畸性的数据，包括在使母体产生毒性的剂量下。然而在一个持续育种协议研究中发现，孕鼠在暴露 TCEP 后，每窝幼鼠中 F2 代雄性小鼠的存活率降低。另一项两代毒性（two-generation study）研究中发现，TnBP 暴露孕鼠后，每窝 F1 代和 F2 代小鼠在出生 21d 之内体重降低[166]。TCrP 在暴露孕鼠后，可引起出生后大鼠存活率的降低[157]，以及每窝出生的大鼠和小鼠数目的减少[158,159]。McGee 等[167] 发现斑马鱼在胚胎形成的有丝分裂期暴露 TDCP，可导致受精卵基因组再次甲基化的延迟，这可能与 TDCP 的发育毒性有关。此外，孕期的斑马鱼在长期低剂量暴露 TDCP 后，可导致 F1 代幼鱼孵化率、体重和存活率的明显降低，以及畸形率的明显增加[154]。

1.3.3.3 免疫毒性

关于 OPEs 是否会对人类免疫系统产生影响，目前还没有这方面的研究以及流行病学调查数据。但有报道称一些人会对含有 TPhP 的产品有皮肤过敏反应[168,169]。同样体外实验证明，TPhP 对人体羧酸酯酶具有很强的抑制作用，可以引起接触性皮炎[170]。通过口服暴露发现，绝大多数 OPEs 不会引起实验动物淋巴网状组织表观和微观上的重大变化，但 TCPP 除外。Hinton 等[171] 和 Banerjee 等[172] 考察了 TPhP 和 TCrP 对大鼠免疫能力的影响，发现大鼠暴露高剂量的 TPhP [711mg TPP/(kg·d)]120d 后，体液对绵羊红细胞的免疫反应并没有明显改变，而暴露 TCrP[6mg TCrP/(kg·d)]后，大鼠体液以及细胞调节的免疫反应显著降低。关于 OPEs 对实验动物免疫系统的毒性数据目前甚少，所以我们目前还不能用外推法推测 OPEs 是否会对人类免疫产生影响。

1.3.3.4 内分泌干扰毒性

目前已有动物实验和人类流行病学调查表明 OPEs 能够影响正常的甲状腺激素水平。如 TDCP 可引起人体内甲状腺激素（TH）水平的降低[129]，干扰斑马鱼 TH 水平[173] 以及改变 TH 响应的胆固醇酯水解酶（CEH）mRNA 的表达[174]。此外 TDCP 暴露鸡胚胎后可影响胚胎生长，胆囊发育和血浆中 T4 水平并影响第一阶段代谢酶的 mRNA 的表达[175]。Liu 等[173] 利用人和斑马鱼（鲴鱼类）的细胞系在细胞水平上考察了 6 种 OPEs（TCEP、TCPP、TDCP、TBEP、TPhP 和 TCrP）的内分泌干扰效应。结果发现 6 种 OPEs 在 H295R 细胞中均可增加雌二醇（E2）和睾酮（T）的浓度，并使得生成类固醇的 4 个转录基因均上调表达，磺基转移酶的 2 个基因下调表达。在 MVLN 细胞内，6 种 OPEs 都不是雌激素受体的激活剂，但 TDCP、TPhP 和 TCrP 是雌激素受体的拮抗剂，可以抑制 E2 与雌激素受体的结合。暴露斑马鱼 14d 后，TCrP、TDCP 和 TPhP 可明显引起雌鱼血浆中 T、E2 浓度的增加，但并未改变 11-酮睾丸激素（11-KT）的水平。在雄鱼中，T 和 11-KT 的浓度均减少而 E2 的浓度增加。总之，无论在雄鱼还是雌鱼中，CYP17 和 CYP19a 基因在转录水平均上调表达。而卵黄蛋白原（VTG）基因在雌鱼中上调表达，在雄鱼中下调表达。这项研究的结果表明 OPEs 可以通过干扰类固醇生成或雌激素的代谢这两种机制来改变激素水平。

1.3.3.5 其他毒性

前面也提到分子中含有卤素元素会增加化合物的毒性，因此针对氯代 OPEs 的毒性研究比较深入，尤其是用途广、用量大的 TCEP[176-178]。研究表明，TCEP 长期暴露 F344 大鼠可使其表现出致癌性，并导致其大脑退化损伤，暴露 14d 后雌性大鼠的肝脏重量以及雄性大鼠的肾脏重量增加，暴露 16 周后不仅肝脏、肾脏重量显著增加，大鼠的死亡率也明显提高[179,180]。另外 2 种氯代 OPEs（TDCP 和 TCPP）也表现出明显的致癌性[181-183]。对于烷基取代的 OPEs，TMP 具有基因毒性[184]，TBEP 也是一种可疑致癌物[185]。

1.4 有机汞

汞（Mercury，Hg）俗称水银，在常温下是银白色液态金属，有毒，在工业生产中被广泛应用于冶金、化工、轻工、电子、医药、医疗器械等多种行业。Hg 的毒性取决于化学结构。在环境中，Hg 主要以汞元素（金属汞）、无机汞（汞盐）和有机汞 3 种形态存在[186]，如表 1.4 所列。不同形态的 Hg 具有不同的物理化学性质和环境化学行为。Hg 在自然界中能被动植物、微生物富集，经生物转化作用转化为毒性更强的甲基汞和二甲基汞，尤其是在食物链最高层的肉食鱼类体内累积的浓度最高，存在形式以甲基汞（Methylmercury，MeHg）为主。MeHg 是一种具有较强神经毒性的污染物质，具有脂溶性，易经呼吸道、消化道和皮肤黏膜吸收，并且在人体内代谢比较缓慢，人体内半衰期为 70d 左右，在人脑中可长达 245d[187]。可以说 MeHg 是公认的"全球环境污染物"。20 世纪 50 年代发生在日本的水俣病事件是 MeHg 引起的著名环境公害病，之后在美国、瑞典和伊拉克也相继出现了 MeHg 中毒导致的胎儿性水俣病的报道[188,189]。我国东北第二松花江流域也曾受到 MeHg 污染而引起类似水俣病症状的慢性 MeHg 中毒[190]。乙基汞（Ethylmercury，EtHg）和 MeHg 具有类似的化学性质，被称为"短链烷基汞制剂"。EtHg 和 MeHg 的不同主要在于 EtHg 在体内可以更快地转化为无机汞进而对肾脏产生损害，而 MeHg 更倾向于侵犯中枢神经系统。原型的有机汞阳离子一般被认为是破坏中枢神性系统最直接的毒剂，EtHg 释放的汞阳离子在肾脏损害中起着类似的作用。但对 MeHg 的毒理学研究要远远多于 EtHg。其他有机汞如苯基汞（Phenylmercury，PhHg）可快速地转化为无机汞，因而它的毒性效应类似于一价汞化合物，但是它比无机汞更容易被摄入体内[191]。

表 1.4 汞化合物的结构以及物理化学性质[192]

名称	汞	氯化汞(Ⅱ)	硫化汞(Ⅱ)	氯化亚汞(Ⅰ)
结构式	Hg	$Cl^- Hg^{2+} Cl^-$	$Hg=S$	$Cl-Hg-Hg-Cl$
别名	水银	二氯化汞 氯化汞	朱砂 硫化汞	甘汞 氯化高汞 二氯化二汞
化学式	Hg	$HgCl_2$	HgS	Hg_2Cl_2
价态	0	+2	+2	+1
分子量	200.59	271.50	232.66	472.09
化学态	元素	无机	无机	无机
物理态(常温常压下)	重质液体	固体	固体	固体
毒性	高	高到中	高到低	中到低

名称	硝酸汞	醋酸汞(Ⅱ)	甲基氯化汞	甲基汞
结构式	O_3N-Hg NO_3	Hg^{2+} (二乙酸根结构)	H_3C-Hg Cl	$Hg-CH_3$
别名	葡萄糖酸汞 硝酸高汞	乙酸汞(2+)盐 乙酸汞 二乙酸汞	单甲基氯化汞	单甲基汞
化学式	HgN_2O_6	$HgC_4H_6O_4$	CH_3HgCl	CH_3Hg
价态	+2	+2	+2	+2
分子量	324.60	318.68	251.10	215.66
化学态	无机	有机	有机	有机
物理态(常温常压下)	固体	固体	固体	固体
毒性	高到中	中等	中等	高到中

名称	二甲基汞	硫柳汞	醋酸苯汞
结构式	H_3C Hg CH_3	(苯环-C(=O)-ONa, SHgCH₂CH₃)	(乙酸-Hg-苯环)
别名	汞 甲基汞	硫汞柳酸钠 乙汞硫柳酸钠	乙酸苯汞
化学式	C_2H_6Hg	$C_9H_9HgNaO_2S$	$C_8H_8HgO_2$

名称	二甲基汞	硫柳汞	醋酸苯汞	
价态	+2	+1	+2	
分子量	230.66	404.82	336.74	
化学态	有机	有机	有机	
物理态(常温常压下)	液体	固体	固体	
毒性	高	中到低	中等	

1.4.1　有机汞的污染现状

Hg 是一种全球性污染物，具有持久性、长距离迁移性和生物富集性。Hg 的自然源排放主要来自于地质源，如地热和火山活动。此外植物表面、水体、土壤的自然释放及森林火灾也是大气中 Hg 的重要来源。全球陆地和海洋排放的 Hg 量分别估计为 $2000\sim3200t/a$ 和 $800\sim2600t/a$，以此得出 Hg 的全球自然排放量为 $2800\sim5800t/a$。最近几十年，如化石燃料燃烧、金属冶炼等人为活动不断向大气中释放大量的 Hg。煤中 Hg 在燃烧过程中有 75% 释放到大气中，美国燃煤电站每年排放到大气中的 Hg 为 89t[193]，而中国作为产煤大国燃煤每年向大气排放 Hg 达 200t 以上[194]，约占总排放量的 37%（图 1.2）。Hg 的另一个重要污染源是化工、冶炼、电子电器和医用试剂等行业。我国贵州省作为中国主要的 Hg 产地，境内著名的汞矿床有万山、务川、铜仁等，Hg 污染对该地区的生态环境造成了严重的影响。李平等[195] 对务川汞矿的 Hg 污染问题进行研究发现，该地区地表水中的 THg（Total mercury content，THg）为 $43\sim2100\mu g/m^3$，远高于对照地区的 $15\sim29\mu g/m^3$。Hg 在自然界中的分布极不均匀。大气中的 Hg 主要以汞蒸气存在，水体中的 Hg 主要以颗粒态和溶解态的形式存在，其中部分无机汞经历化学或生物转化形成 MeHg。一般而言，水体底部的沉积物是 MeHg 重要的汞贮存库。MeHg 的生物放大作用最终会导致食物链顶层的捕食者遭受重度污染，包括人类食用的鱼类。各国对 Hg 污染都已经进行了很长时间的研究，但全球范围的 Hg 污染仍然呈现增加趋势。

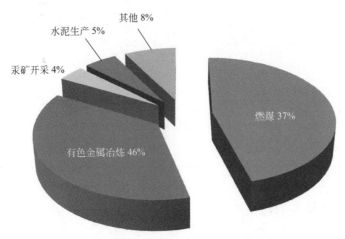

图 1.2　我国主要行业大气 Hg 排放量比例

2013 年 1 月，一项专门针对 Hg 的全球公约——《水俣公约》正式通过，意味着全球将对 Hg 的使用和排放进行控制。我国是 Hg 使用量和排放量最大的国家，我国 Hg 污染控制将受到来自国内环境保护和国际履约的双重压力。

1.4.2　有机汞在人体内的暴露水平

人体暴露 Hg 的途径与 Hg 的化学形态有关，一般划分为无机汞（单质汞、二价汞等）和有机汞（MeHg 等）暴露。汞蒸气可以通过口腔摄取、呼吸和皮肤吸收等途径进入人体内，其中呼吸是最主要的进入途径。普通人群的无机汞暴露则主要通过使用高 Hg 含量的化妆品以及补牙等途径。MeHg 进入人体中可以通过多种方式，包括表皮、皮肤黏膜吸收，以及饮水或食用含 MeHg 的鱼类、贝壳、植物、农作物等，其中饮食（特别是鱼类）是人类 MeHg 暴露的主要途径，且暴露的 MeHg 几乎完全为一甲基汞。当然其他食物中 Hg 的危害也不容小视，大米、蔬菜和肉类一旦被 Hg 污染都难以彻底清除，对人体健康产生影响。Hg 通过以上所述途径进入人体后，由血液带到人体头发中，并富集下来。通常认为，人发中 Hg 的含量可以反映人体中 Hg 的蓄积量，同时人发也是蓄积 MeHg 的组织，从头发中 MeHg 的含量可以评估人体受 MeHg 影响的程度。因此血汞浓度和发汞含量一直被广泛作为人体中 MeHg 暴露的生物指标。Legrand 等[196] 调查了加拿大两个社区 Grand Manan 和 St. Stephen 中人群头发中 Hg 含量,结果发现 Grand Manan 社区人群中 THg 的平均含量为 (700±550)$\mu g/kg$,St. Stephen 社区为 (420±150)$\mu g/kg$。Nelia Cortes-Maramba 等[197] 研究发现,直接接触矿物的工人血液中 THg 和 MeHg 的含量要高于不直接接触的工人。我国以燃煤大市长春市为例,居民人发中 Hg 的平均值为 448$\mu g/kg$,其中男性的平均值为 422$\mu g/kg$,而女性平均值为 474$\mu g/kg$[198]。贵阳市居民的发汞含量在 132~701$\mu g/kg$ 之间,平均值为 338$\mu g/kg$[199]。鉴于 MeHg 的剧毒性,表 1.5 给出了部分国家规定的人体 MeHg 最大承受量。

表 1.5 部分国家及组织建议的 MeHg 最大可承受摄入

国家/组织	相关标准	可承受的摄入量
欧盟	指令、法规和指导文件	参考 WHO/FAO 制定的标准:每周 1.6μg MeHg/(kg·bw)③
日本	鱼类和甲壳类食用卫生标准	临时性日可承受摄入量: 0.4μg MeHg/(kg·bw)
英国	欧洲法定标准	参考 WHO/FAO 制定的标准: 每周 1.6μg MeHg/(kg·bw)
美国	FDA② 和 EPA 的相关规定	EPA 制定的 RfD④:每天 0.1μg MeHg/(kg·bw)
WHO①/FAO	WHO 鱼类体内 MeHg 含量导则	WHO/FAO 联合制定的 PTWI⑤: 每周 1.6μg MeHg/(kg·bw)

①WHO 指世界卫生组织;②FDA 指美国食品与药品管理局;③bw 指体重为 60kg;④RfD 指参考剂量;⑤PTWI 指每周安全摄入量。

1.4.3 有机汞的毒性及健康危害

有机汞如 MeHg 进入实验动物和人体的血液后,与血红蛋白巯基结合,随血液分布到全身各个器官。吸收的初期,血液和肝脏中 MeHg 的含量最高,之后逐渐向大脑移行。当分解、排泄达到平衡后,MeHg 在各脏器中的蓄积量由高到低依次是肝、脑、肾、血液。虽然 MeHg

在肝脏和肾脏中的蓄积量较高，但是 MeHg 对肝、肾的毒性效应较低。MeHg 在除骨骼外所有器官中缓慢转化为无机汞，但是代谢速度很慢。MeHg 在体内主要经过肝脏、肾脏后由胆汁和尿排出。胆汁中的 MeHg 经常以半胱氨酸络合物形式存在，这些络合物大部分被肠道再吸收而进行着肠肝循环。可以看出体内的 MeHg 一部分以甲基汞形式排出，另一部分则经无机化后以蛋白复合物的形式排出。MeHg 进入生物体后对多数器官均有毒性作用，这种毒性在人类和动物体中会延续整个寿命。

1.4.3.1　神经毒性

MeHg 在体内易于穿透血脑屏障和胎盘屏障进入成人和胎儿的大脑[200,201]，关于 MeHg 对大脑发育也就是对神经发育的影响已有大量的研究数据。截至目前，MeHg 暴露对人类影响最严重的是日本和伊拉克的 MeHg 中毒事件。成年人暴露 MeHg 后，早期的中毒症状并不明显，例如感官异常、视力下降等；随着暴露量的增加，一些明显的症状例如语言障碍、耳聋、共济失调不断出现，最终导致昏迷或死亡。胎儿跟新生儿的神经系统对甲基汞的毒性更为敏感，孕期暴露甲基汞后，可能导致胎儿大脑瘫痪、小脑畸形、神经损伤以及眼盲耳聋等[202-204]。流行病学调查发现，母体吃鱼子宫暴露与儿童神经行为障碍相关联。动物实验模型中，斑马鱼胚胎对 MeHg 的毒性高度敏感，暴露 $20\sim30\mu g/L$ 后，可导致尾鳍发育受损，尾巴弯曲异常[205-207]；暴露 $10\sim20\mu g/L$ 剂量后，导致心跳微弱、水肿严重、胚胎体轴向上弯曲、泳动减少、行为缺陷[208] 和尾巴构成受损[207] 等。胚胎期对大鼠暴露低剂量的 MeHg 后，也可产生神经行为毒性，表现为学习记忆功能异常。总的来说，这些数据表明发育中的神经系统是低剂量 MeHg 暴露的敏感靶器官。关于 MeHg 的神经毒性机制的报道有很多，包括：抑制 β-微管蛋白的表达、破坏线粒体 ATP 酶活性、影响神经元细胞内钙浓度以及神经递质、产生自由基、脂质过氧化作用、对金属硫蛋白的影响、对神经胶质细胞的影响和细胞凋亡。但是这些对于 MeHg 的神经毒性机制的阐明远远不够，各种解释都具有其合理性但又不能单独用来解释 MeHg 的神经毒性，因此尚需更多深入的研究，尤其是分子层面的研究。

1.4.3.2 生殖发育毒性

MeHg 作为一种毒性很强的重金属环境污染物，不仅具有很强的神经毒性，而且能够作用于生殖系统，表现为生殖毒性[209]。MeHg 暴露雄性小鼠后，可影响小鼠的交配能力和睾丸功能，导致成熟的精子数量减少、活力下降、畸形率增高并使得生精能力下降甚至缺失。另外，MeHg 还可导致精原细胞及精母细胞出现退行性改变，进而出现细胞空泡化并同时伴随有异常颗粒、大脂滴、线粒体肿胀、核膜溶解、周隙增宽，直至出现细胞碎片和细胞死亡。小鼠长期低剂量暴露 MeHg，可导致小鼠的曲细精管面积减小、生殖细胞数量降低，并有明显的浓度依赖性。MeHg 还可抑制雄性小鼠睾丸细胞中琥珀脱氢酶（Succinate dehydrogenase，SDH）、乳酸脱氢酶（Lactic dehydrogenase，LDH）和磷酸脱氢酶（Glucose-6-phosphate dehydrogenase，G-6-PD）的活性，逐渐导致细胞变性。MeHg 暴露雌性小鼠后，小鼠受孕率降低同时卵巢细胞的线粒体嵴数目逐渐减少直至完全消失，此外 MeHg 还能影响卵巢线粒体 DNA 聚合酶的活性。MeHg 不仅可以作用于生殖系统也可能通过受精卵、妊娠期暴露危害子代。动物实验证明，大鼠在妊娠第 6~9 天暴露于 MeHg，其仔鼠出生后体重与对照组相比明显降低，而听觉惊愕程度相比于对照组升高[210]。此外，另有研究证实妊娠期大鼠暴露 6.0mg/kgMeHg 后，出生的仔鼠体重减轻，残疾率增加，断奶前的存活率降低，一些早期体格发育包括门牙萌出、开眼和耳郭分离等也受到不利影响[211]。

1.4.3.3 遗传毒性

MeHg 的遗传毒性也是 MeHg 毒性中很重要的一部分。已有研究证实 MeHg 对动植物以及人类细胞具有遗传损伤效应，可以诱发细胞染色体数目和结构的畸变。MeHg 暴露可造成大鼠胎儿染色体损伤，且胎鼠肝细胞及母鼠骨髓细胞染色体畸变率随 MeHg 暴露剂量的增加而升高[212]。这种畸变可能与 MeHg 的脂溶性有关，如 MeHg 溶于细胞膜脂，然后穿透细胞膜与细胞内巯基结合，抑制巯基酶活性，或者是抑制细胞腺苷酸环化酶的活性。也有报道称 MeHg 进入体内后可干扰细胞内生物大分子的合成，造成细胞遗传物质代谢和基因转译上的紊乱。有机汞和无机汞都能与 DNA 分子中各种成分相互作用，造成 DNA 结构上的损伤。动物实验证实，低剂量 MeHg 暴露大鼠后即可导致大鼠体内谷胱甘肽过氧化物酶（Glutathion peroxidase，GSH-Px）活性的降低及 DNA 的损伤[213]。在体外通过光谱和毛细管电泳法也已经证实 $MeHg^+$ 和 Hg^+ 能与核酸结合，其结合的主要部位为碱基[214]。也有报道称 MeHg 可导致 DNA 的二级结构受损，使 DNA 分子某些部位的碱基数发生改变。此外，还有研究证明 MeHg 能与 DNA 结合成牢固的 $DNA-Hg^+$ 复合物，汞与两个 DNA 链结合，使得 DNA 发生交联从而阻碍 S 期增殖细胞 DNA 的解链[215]。上述报道都指出 MeHg 引起生物细胞染色体畸变，很可能是由 MeHg 损伤 DNA 分子所致。

1.4.3.4　其他毒性

动物实验已经证明了 MeHg 可以对实验动物的认知、运动和感官功能产生影响。也有研究表明，MeHg 暴露于人和动物后，会对发育和成体的心血管系统产生损害，包括血压调节、心率变异及心脏疾病。而且部分研究显示，MeHg 暴露对心血管系统的影响与对神经发育的影响具有一定的联系[216]。另外一些研究证明了 MeHg 与癌症的关系，但总的来说，MeHg 具有致癌性的证据是不充足的[217]。也有动物实验报道，免疫系统也是 MeHg 的敏感靶标[218]。已有实验证明，连续经口暴露低剂量的 MeHg，可导致小鼠脾细胞周期进程加快和细胞 DNA 复制增强。越来越多的证据表明，重金属尤其是汞的化合物对人类的免疫系统也具有毒性，如氯化甲基汞（MeHgCl）可通过诱导凋亡杀死人类的淋巴细胞[219]。基于人体和动物的实验研究，美国国家研究理事会 MeHg 毒理学专业委员会总结认为，神经发育缺陷是 MeHg 暴露最普遍的症状，且该领域的研究报道也是最多的。

1.5　多环芳烃

多环芳烃（Polycyclic aromatic hydrocarbon，PAHs）是两个或大

于两个的苯环以稠环形式连接在一起的烃类化合物，是煤、石油、烟草和有机高分子化合物等有机物不完全燃烧时产生的[220]。该类化合物化学结构稳定，惰性强，体现为不易分解和降解，因而能长期存在于环境中。有研究发现在光照和一些微生物作用下，PAHs 会发生分解。此外，PAHs 的分子量不同，其所具有的理化性质也不同，如果苯环数增加，PAHs 的辛醇-水分配系数增大，水溶性越低，脂溶性越强，结构越稳定，毒性越强。PAHs 具有半挥发性，此类化合物会以"全球蒸馏效应"和"蚱蜢跳效应"的迁移方式在全球进行大气远距离传输，从而导致 PAHs 在全球范围内污染环境。根据苯环的连接方式，PAHs 可分为非稠环型和稠环型。其中非稠环型为苯环与苯环之间各由一个碳原子相连，如联苯、联 H 苯等；稠环型为两个碳原子为两个苯环所共有，如萘，蒽等。本书介绍的 PAHs 都是含有两个苯环及两个以上的稠环型化合物，包括萘（Naphthalene，NaP）、菲（Phenanthrene，PhE）、蒽（Anthracene，AnT）、芘（Pyrene，Pyr）、苯并［a］芘（Benzo［a］pyrene，BaP）、苯并［a］蒽（Benzo［a］anthracene，BaA）和二苯并［a，h］蒽（Dibenzo［a，h］anthracene，DbA），其结构如图 1.3 所示。这 8 种化合物具有很强代表性，且在环境中的分布较广、含量较高。其中 BaP

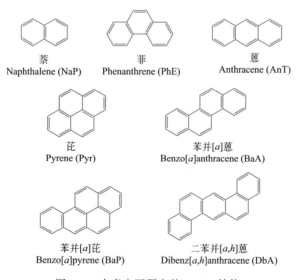

图 1.3 本书主要研究的 PAHs 结构

作为第一个被发现的环境化学致癌物，具有很强的代表性，几乎在含有PAHs 的物质中都可以检测出 BaP[221]。

1.5.1 PAHs 的污染现状

PAHs 主要是由有机物的不完全燃烧和石油泄漏所造成，在热解过程中形成的 PAHs 大多随着烟尘、废气排放到大气中。石油中的 PAHs泄漏进入水体后，一部分在水中被动植物吸收从而进行生物累积，一部分吸附在水中细小颗粒上，通过水流和重力的双重作用进行迁移和沉积，还有一部分通过挥发作用进入大气[222]。研究表明，大气中的PAHs 主要以分子状态吸附在飘尘上，且主要吸附在空气动力学直径较小的颗粒物上。PAHs 所附着的颗粒物可随气流漂移至其他地方，进而污染其大气环境；一些小颗粒可以互相凝聚成为较大的颗粒，然后通过干湿沉降将 PAHs 带入其他环境介质中[223]。而土壤中的 PAHs，大部分在土层中发生垂直迁移进入地下水中，或者通过水土流失进入地表和地下河中，少部分可以通过挥发再次进入大气中；水中的 PAHs 可被沉积物和悬浮物吸附，通过解吸作用和沉积物的再悬浮再次释放到水中。可以看出，PAHs 通过稀释、扩散、转移、吸附和解吸在大气-水-土壤或沉积物多介质间进行迁移、交换和传输，广泛存在于多种环境介质中[222]。

大气中 PAHs 浓度水平通常为 ng/m^3 级，其浓度大小随季节、气象条件和地理位置的变化而剧烈波动，一般工业区上方的 PAHs 浓度要高于周边地区几个数量级。近年来随着空气污染的加重，大气中PAHs 浓度也呈增长趋势。由于大气中的 PAHs 主要吸附在烟尘颗粒物上，经测定 95% 的 PAHs 吸附在小于 $7\mu m$ 的颗粒物上，其中 60%～70% 集中在 $1\mu m$ 以下的颗粒物中。但粒径在 $0.5～5\mu m$ 的颗粒物可直达肺泡而沉积，在人体内多种混合功能氧化酶作用下，生成多种代谢衍生物，其中有一部分代谢物为重要的致癌物，严重危害人体健康。一项研究表明，全球大气中 16 种优先 PAHs 的排放范围为 504Gg，其中南亚、东亚和东南亚地区的排放密度最高。对于水体环境来说，国内外各种水体包括河流、湖泊、海水、地下水和自来水都不同程度地受到

PAHs 污染。目前湖泊中的 PAHs 已被广泛检测，其中 ΣPAHs 浓度最高达到 $10000\mu g/m^3$。我国部分淡水湖泊、主要河流、自来水及近海海域均存在 PAHs 严重超标的情况，这些水体已被 PAHs 类物质污染。如华北地区浅水湖白洋淀中 PAHs 总量的平均值达到了 353.0ng/g。我国 80 座自来水厂的出水中 PAHs 总量在 $174.02\sim658.44\mu g/m^3$ 之间，致癌性 PAHs 最高可达 $173.36\mu g/m^3$，占总量的 49.68%[224]。Zakaria 等总结了 PAHs 在全球不同地区的湖泊、河流、河口、海港及沿海地区表层沉积物中的分布情况，发现不同地区沉积物中的 PAHs 的含量差异较大，范围在 $1\sim760000ng/g$。我国对海洋表层沉积物中 PAHs 的研究主要集中在海湾、河口和近岸海域。对于河口区域海洋沉积物中 PAHs 的研究表明，大辽河口、黄河口海洋沉积物中的 PAHs 含量较高，其中大辽河口海洋沉积物中 PAHs 的含量范围为 $276.3\sim1606.9ng/g$；河口区域海洋沉积物中 PAHs 略高于近岸海域沉积物中 PAHs。我国南海、渤海、东海和黄海海洋沉积物的 PAHs 含量范围分别为 $24.7\sim275.4ng/g$、$148.3\sim907.5ng/g$、$117.1\sim424.8ng/g$ 和 $97.2\sim300.7ng/g$[225]。土壤中 PAHs 的污染也不容忽视。研究表明，土壤中的 PAH 含量范围为 $23.3\sim12390\mu g/kg$，且各国之间土壤中 PAHs 含量相差较大[226]。

1.5.2　PAHs 在人体内的暴露水平

PAHs 在环境中可通过呼吸道、消化道、皮肤接触等多种途径进入人体，经体内代谢形成羟基多环芳烃（OH-PAHs），并主要以硫黄酸结合物和葡萄糖醛酸的形式通过尿液排泄出来。因此，国际上一般利用尿液中 OH-PAHs 作为生物标志物来综合评价 PAHs 在人体内的暴露水平。赵振华等对我国 10 座城市小学生尿液中 1-羟基芘浓度进行了研究，结果发现 7 座北方城市小学生尿液中 1-羟基芘浓度的中位数在 $0.336\sim4.120\mu mol/mol$ 肌酐之间，而 3 座南方城市 1-羟基芘的浓度中位数分别为 $0.049\mu mol/mol$ 肌酐、$0.119\mu mol/mol$ 肌酐、$0.243\mu mol/mol$ 肌酐[227]。可以发现我国北方地区小学生尿液中 1-羟基芘浓度明显高于南方地区，该差异主要是由北方地区冬天大量燃煤取暖造成的。近两年我国人群尿液中1-羟基芘的含量水平明显降低，其归功于我国对空气污染的重视以及各种控制空气污染措施的施行。但与国外人群相比，我国人群尿液中1-羟基芘含量依旧较高，可以说治理大气污染是一项长期的任务，需要坚持不懈地实施。

1.5.3 PAHs的毒性及健康危害

进入环境中的PAHs虽然是微量的，但其在环境中通过不断生成、迁移、转化、富集或降解，并通过呼吸道、皮肤、消化道进入人体，极大地威胁着人类的健康。PAHs对健康的损伤一直是国内外的研究热点，目前已发现多种PAHs具有"三致"（致癌、致畸、致突变）作用，研究的靶器官多为肺。此外，关于PAHs的毒性研究已涉及遗传毒性、肝脏毒性、生长发育毒性和神经毒性等方面。

1.5.3.1 致癌作用

PAHs作为一类典型的致癌物，多数PAHs及其衍生物具有致癌性，其中强致癌性的主要有BaP、DbA、1,12-二甲基苯蒽、四甲基菲和3-甲基胆蒽等。流行病学调查和动物实验研究表明，PAHs通过多种途径进入人体后可诱发皮肤癌、肺癌、直肠癌、肝癌，而长期饮用或食用含有PAHs的水和食物，呼吸含PAHs的空气，则会造成慢性中毒。PAHs暴露与肺癌变过程密切相关。有关调查表明，大气中BaP浓度每增加$1ng/m^3$，肺癌死亡率就上升5%。流行病学调查研究显示，焦化厂、炼铝厂、炼铁厂工人的肺癌患病概率高与长时间高浓度PAHs暴露有密切关联。我国云南省宣威市室内燃煤排放大量以BaP为代表的PAHs致癌物，成为导致该县成为肺癌高发区的主要危险因素，其中污染严重的乡镇的肺癌死亡率高达100/10万以上[228]；职业中毒调查表明，在$3\mu g/m^3$、$2\mu g/m^3$浓度下工作5年和20年的工人，前者大部分诱发肺癌，后者患多种癌症。目前关于PAHs致癌机制的研究较多，包括影响细胞色素P450混合功能氧化酶系（CPY450s）活性、谷胱甘肽硫转移酶（GSTs）活性和环氧化物水解酶（EH）活性，以及 PAH-DNA 对原癌基因和致癌基因的影响[229]。其中关于 PAHs 对 CPY450s 活性影响的机制主要为 PAHs 进入人体后通过 CYP4501A1 代谢活化生成强致癌活性的物质；而对 GSTs 活性和 EH 的影响机制主要是 PAHs 对这两类酶活性产生影响进而影响解毒过程。

1.5.3.2　生殖毒性

除了目前已发现的"三致"（致畸、致癌、致突变）作用，PAHs 对动物的生殖系统也会产生损伤。研究表明，BaP 暴露食蚊鱼 8 周后，可引起雄鱼的精子数及精子成活率降低，高浓度的暴露可使雌鱼的性腺和性腺指数发生改变，导致怀胎数明显减少，影响早期发育[230]。对斑马鱼成体和胚胎进行 NaP 暴露处理，发现胚胎受精 24h 后的凝结率以及中枢神经发育出现异常，且脑、肌肉和肝脏组织的 DNA 甲基化水平升高[231]；此外，PAHs 具有内分泌干扰作用，可通过下丘脑—脑垂体—性腺轴（HPG）抑制性激素的分泌，实现内分泌干扰。BaP 暴露不仅会影响食蚊鱼的求偶行为，干扰雄鱼的激素分泌系统，还可抑制机体分泌卵黄蛋白原（VTG）导致性腺发育不全，对生物体的生长和繁殖造成危害[232]。

1.5.3.3　遗传毒性

目前已知多种 PAHs 具有 DNA 损伤、诱导有机体基因突变以及染色体畸变等毒性作用，可引发呼吸、消化、生殖等多系统癌变[233]。PAHs 对 DNA 的损伤机制主要有 PAHs 代谢产物与 DNA 共价结合生成加合物，以及 PAHs 在生物转化过程中产生的活性氧对 DNA 的氧化损伤。其中具有亲电子特性的 PAHs 环氧化物被认为是 PAHs 致癌及致突变的重要活性代谢产物，该代谢产物可以和 DNA 分子中的脱氧腺嘌呤及脱氧鸟嘌呤外环上的氨基共价结合形成 PAH-DNA 加合物，从而引起 DNA 损伤。以最先被确认为人类致癌物的 BaP 为例，BaP 在体内经 CPY450 酶系和环氧化物酶的催化作用下，先后形成 7,8-环氧苯并芘和 7,8-二氢二醇苯并芘。在混合功能氧化酶催化下，7,8-二氢二醇苯并芘又进一步形成二氢二醇环氧苯并芘，该衍生物可以与 DNA 的亲核位点鸟嘌呤的外环胺基端共价结合，产生特异突变。动物实验已经证实特异 DNA 加合物的形成能力与 BaP 致癌能力相关。在 DNA 的氧化损伤中，8-OHdG 水平已被公认为评价 DNA 氧化损伤的标志物，但目前关于 PAHs 暴露和 8-OHdG 之间是否具有相关性还未形成统一认识。对染色体的损伤机制研究表明 PAHs 与脐带血染色体畸变频率、血淋巴细胞姐妹染色单体交换率、淋巴细胞彗星尾矩和微核细胞率呈显著正相关[234,235]。除了对 DNA 和染色体的损伤，PAHs 长期暴露于太阳紫外线辐射下可引起光遗传毒性效应，即形成 PAHs 自由基和氧化 PAHs 反应中间体引起细胞毒性和遗传毒性；另外有实验表明，PAHs 与紫外线对生物体的遗传损伤具有协同作用，同时暴露于 PAHs 和紫外光下会促进具有损伤细胞能力的自由基形成，破坏细胞膜，损伤 DNA，从而引起人体细胞遗传信息发生突变。例如同时暴露于 BaP 和紫外光下，DNA 断裂程度加倍[236]。最后值得注意的是，不同个体对 PAHs 导致的机体 DNA 损伤程度存在一定差异，也就是机体对化学物的敏感性是不同的，因此在考察 PAHs 的遗传毒性时，需要考虑多方面的综合因素，从而客观、准确、系统地给出评价。

1.5.3.4 其他毒性

除上述毒性外，肝脏作为生物机体最主要的解毒器官，其受到的损伤也逐渐受到关注。研究表明，动物长期暴露 PAHs 可引起肝损伤，导致肝的绝对和相对重量明显增加，以及引起肝小叶中央色素沉着，同时伴随肝酶活性的升高[237]。临床研究也曾发现 PAHs-DNA 加合物在肝血管肉瘤患者肿瘤组织中的浓度水平明显高于非肿瘤组织[238]。一些生态研究也发现 PAHs 可引起肝脏毒性，例如受到 PAHs 污染的海湾中，比目鱼出现肝脏组织病理学改变；焦化厂污染水域里大头鱼的相对肝脏重量下降，一些生物标志酶的活性与水中 PAHs 暴露量相关。此外，PAHs 还可引起神经毒性，研究表明怀孕妇女长期暴露于 PAHs 污染的环境中，会影响胎儿的神经发育，会造成新生婴儿的体重明显降低[239]。动物实验表明，将一定剂量的 BaP 作用于小鼠，会引起小鼠体重停止增长，体型消瘦，少数动物还会出现活动量明显减少、动作迟缓、步态蹒跚、易受惊等症状[240]。将PAHs暴露大鼠后，可损伤大鼠学习记忆能力，抑制乙酰胆碱酶（AChE）活性，降低海马组织乙酰胆碱含量。目前关于神经毒性致毒机制已取得一定进展，包括改变神经递质、扰乱神经系统相关生物大分子及相关基因表达、改变抗氧化物系统。

第 2 章

生物大分子的生物学功能及测定

2.1 氨基酸脱羧酶

2.1.1 氨基酸脱羧酶概述

氨基酸脱羧酶（Amino acid decarboxylase）是催化脱去某种氨基酸（赖氨酸、精氨酸、组氨酸和鸟氨酸）的羧基，生成对应的胺（尸胺、胍丁胺、组胺和腐胺）的裂解酶的总称，即生命体内多胺合成过程中最重要的一类酶，包括赖氨酸脱羧酶（Lysine decarboxylase，LDC）、精氨酸脱羧酶（Arginine decarboxylase，ADC）、组氨酸脱羧酶（Histidine decarboxylase，HDC）和鸟氨酸脱羧酶（Ornithine decarboxylase，ODC）等（图 2.1）。这类酶对于细胞和组织的正常生长、发育和修复是必不可少的。而多胺是一类天然有机阳离子，包括精胺、亚精

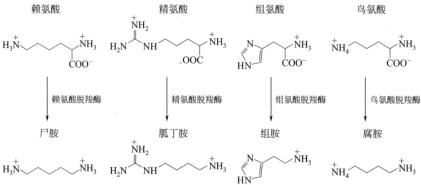

图 2.1 4 种氨基酸脱羧酶分别对应的底物和产物[241]

胺、腐胺、尸胺、胍丁胺等，广泛存在于植物、动物和微生物中。书后彩图 1[242] 给出了赖氨酸脱羧酶的晶体结构。从图中可以看出赖氨酸脱羧酶的晶体结构是由 5 个二倍体组成的十倍体，其中里面的小分子是赖氨酸脱羧酶的天然抑制剂 ppGpp，该抑制剂是细胞在饥饿状态下产生的一种应激信号素，抑制剂结合的位点即是赖氨酸脱羧酶的活性位点。已有研究表明：氨基酸脱羧酶能够通过其产物多胺在转录和后转录水平上特异性地调节基因的表达，从而在抑制肿瘤生长和炎症反应过程中起到关键作用。

2.1.2　氨基酸脱羧酶的生物功能

2.1.2.1　多胺与细胞的生长、发育以及组织修复的相关性

关于多胺的研究最早可以追溯到几个世纪以前。1678 年，Van Leewenheuk 在精液中确认有"三面体晶体"存在，后来证实是四胺精胺。二胺腐胺首次发现在 1800 年代末，三胺亚精胺在 20 世纪早期被发现，在这期间其他胺相继被确定[243]。Herbert 和 Celia Tabor 以及他们的团队在 1980 年通过遗传学研究证明了多胺如尸胺、腐胺和亚精胺对于细菌和酵母的生长和发育是必不可少的[244,245]。Cleveland 等将这种研究扩展到哺乳动物中，观察到鸟氨酸脱羧酶的编码基因对于老鼠也是至关重要的[246]。之后越来越多的研究证明多胺与细胞的增殖、肿大（细胞体积的增加）和组织的修复密切相关。已有大量证据证明多胺对于肠道的正常发育也是非常重要的。如早期有研究表明，多胺合成的抑制剂破坏了肠道的正常发展[247,248]。随后发现胃和十二指肠损伤的修复依赖于多胺的新陈代谢[249,250]。多胺在组织修复中的作用是为了便于组织的重造，如某些类型的肺损伤[251]。多胺合成受到抑制后，啮齿类动物的伤口愈合会受到抑制[252]。此外，在啮齿类动物中，其他组织包括皮肤、乳房、肾脏和心脏的正常生长和肥大也与多胺代谢酶的活性和多胺水平相关。然而，药物或基因抑制这些酶的活性并不能阻止心脏或肾脏的肿大[253,254]，这说明多胺在功能上参与一些组织的生长，但只是与生长联系在一起。有趣的是，在成人中随着细胞的变老，多胺的

合成呈现下调状态。

2.1.2.2　多胺与生殖功能的相关性

多胺对于雄性和雌性生殖器官的发育和功能也是不可缺少的[255-257]。如多胺参与配子的形成过程，也就是对于雄性和雌性单倍体生殖细胞减数分裂是必不可少的，而且多胺也会影响体细胞包括足细胞、睾丸间质和颗粒细胞，而这些体细胞都是维持配子形成的必要条件。多胺在雌性发情期和妊娠期还会调节卵巢类固醇的生成，也就是说多胺对于早期胚胎的形成以及随后的胚胎植入和植入胚胎后期的发育是不可或缺的。而且许多研究证实，多胺对于怀孕过程中胚胎的发育具有重要作用，因为它可以保证母婴间的物质传递从而维持胎儿的发育。此外，在侵入性和非侵入性移植中都能体现出多胺的作用，这表明在哺乳动物物种的怀孕期多胺的作用是高度保守的，进一步反映出其对生殖功能的意义。亚精胺/精胺 N-乙酰转移酶的异常表达会影响控制生殖系统组织生长和功能的特定基因的表达[258]。图 2.2 总结了多胺在雌性和雄性中对生殖功能的影响。

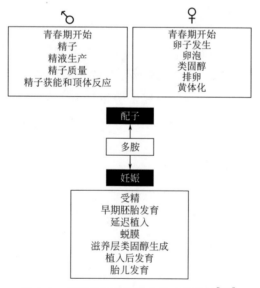

图 2.2　多胺在生殖系统中的功能总结[259]

2.1.2.3　多胺与癌症的相关性

多胺水平的异常会影响许多致癌过程。多胺水平的升高会促进细胞增殖，减少细胞凋亡并使影响肿瘤入侵和转移的基因表达增加。相反，抑制多胺的合成会减少细胞增殖，增加细胞凋亡以及减少肿瘤细胞入侵和转移基因的表达[260]。另有研究表明，极高的多胺浓度会导致凋亡从而引起溃疡的产生。然而这种凋亡主要发生于细胞内多胺异常高的情况下，也就是多胺平衡失去控制导致的结果。书后彩图 2 解释了在结肠癌和其他胃肠癌中多胺水平升高的原因。从彩图 2 中可以看出在癌细胞中由于肿瘤抑制基因 *APC* 功能的丧失，导致基因 *MYC* 表达的升高。*MYC* 编码的转录因子对于正常细胞的增殖是必要的，但是当过量表达就会导致细胞不受控制的增殖，也就是癌症的发生。目前许多研究已经证实 ODC 是 *MYC* 转录的直接靶标分子[261,262]，因此 *MYC* 的过量表达会使 ODC 水平升高。此外，*APC* 还调节 ODC 抗酶蛋白（Antizyme，OAZ）的表达，*APC* 功能的丧失会导致 OAZ 活性的降低，继而导致 ODC 水平的增加。此外在人类的结肠癌细胞和其他胃肠癌细胞中调节精胺/亚精胺乙酰转移酶（Spermine/spermine acetyl transferase，SSAT）的 *KRAS* 基因也会发生突变，也就是被异常激活。*KRAS* 依赖的信号通路对 SSAT 的调节机制会涉及 PPARγ 的参与。PPARγ 对 SSAT 的转录调控是通过 SSAT 启动子中 PPAR 响应元件（PPRE）来实现的。*KRAS* 通过抑制 PPARγ 的表达以及与启动子的结合来抑制 SSAT 的转录，从而干扰多胺的代谢。因此，多胺的合成和分解代谢都是通过致癌基因和肿瘤抑制基因影响的信号通路来调控。

此外，多胺对于血管的发育（主要为血管生成）是必需的，多胺合成受到抑制后会阻碍胃溃疡[263] 和胃癌[264] 中的血管生成。多胺代谢还会影响精氨酸依赖的结肠肿瘤细胞的生长。精氨酸如若代谢为鸟氨酸，需要精氨酸酶或一氧化氮的参与。ODC 可以由一氧化氮通过亚硝基化而失去活性。精氨酸及其分解产物 NG-羟基-L-精氨酸通过抑制精氨酸酶即可诱导细胞生长停滞，这种抑制往往需要外来的多胺进行补救。据推测，精氨酸酶活性受到抑制后主要通过两方面来阻止多胺的生成，即抑制鸟氨酸的生成和促进一氧化氮的产生来抑制 ODC。然而，尽管多胺似乎与许多细胞代谢过程相关，但是多胺在这些模型中的作用方式包括在这些癌细胞中具体的机制尚未给出定论。

2.1.3　氨基酸脱羧酶活性的测定方法

目前测定氨基酸脱羧酶活性的方法主要有量气法[266,267]、放射性同位素标记法[268]、比色法或分光光度法[269]。其中量气法操作烦琐、技术要求高、灵敏度低。放射性同位素标记法则由于对人体有害且操作烦琐，目前已很少使用。比色法的测定范围只局限在可见光区域，并且测定过程中常常需要停止酶反应才可直接测定产物生成量或底物消耗量。分光光度法克服了比色法的一些缺点，但灵敏度低这一缺点仍没有得到明显改善。荧光法以其高灵敏性近年来在测定一些蛋白酶和水解酶的活性方面得到应用[270,271]，可将测定灵敏度提高2~3个数量级。但其对所用的试剂（如要求酶作用的底物或产物必须是发荧光或荧光标记的物质）、容器和仪器都要求很高，否则易产生非特异荧光干扰测定，或者引起荧光的猝灭使测定不准确。而氨基酸脱羧酶所作用的底物及其产物都是不发荧光的物质，因此需要一种简单、快速、高灵敏、实时动态的方法来测定氨基酸脱羧酶活性。在此基础上，研究全氟类化合物、有机磷酸酯阻燃剂以及有机汞对氨基酸脱羧酶活性的毒性影响及其毒性分子机制。

发展一些检测酶活性及酶催化动力学性质的分析方法，不仅对于筛选潜在的抑制剂和药物、基因工程酶、催化性抗体是非常重要的，而且有助于我们理解一些生物学现象。近年来，基于超分子主体化合物-荧光染料自组装基础上的荧光分子开关体系，已经在酶催化动力学研究领域显示出了应用潜力。例如：Praetorius等[272]发展了一种基于超分子主体葫芦脲和荧光探针3-氨基-9-乙基咔唑（3-Amino-9-ethylcarbazole）衍生物自组装的荧光信号传导单元，由于主-客络合作用诱导的客体分子pK_a值的移动，荧光探针在形成超分子主-客络合物前后显示了不同的荧光特性，即双重荧光特性。在此基础上，作者利用酶催化产物和荧光探针对葫芦脲空腔的竞争结合，通过检测体系双重荧光强度的比值，成功实现了对赖氨酸脱羧酶活性的动力学过程监测。其构建的荧光分子开关体系如图2.3所示。

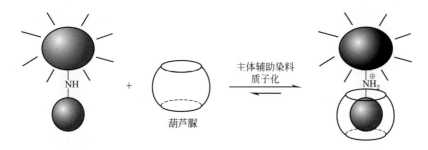

图 2.3　大环受体-染料信号传导单元的双重荧光响应原理[272]

在 Praetorius 工作的基础上，Nau 等[241] 构建了一种对产物选择型超分子化学基础上的荧光分子开关体系（见图 2.4），对于产物选择型体系，酶催化底物相对于荧光染料而言为一弱竞争剂，因而荧光染料会与超分子大环主体络合形成主-客络合物，使得荧光染料进入大环主体空腔内。随着酶促反应的进行，底物转变为产物，而产物相对于荧光染料而言为一强竞争剂，此时产物会与荧光染料竞争结合大环主体空腔，竞争的结果使得部分荧光染料游离于大环主体空腔之外，从而引起体系荧光信号的改变。根据上述对产物选择型体系的检测原理，作者选择了高灵敏的两类大环主体-荧光染料信号传导单元，分别对氨基酸脱羧酶（赖氨酸脱羧酶、精氨酸脱羧酶、组氨酸脱羧酶和鸟氨酸脱羧酶等）这一类酶的活性进行了实时动态分析检测。其中两类大环主体-荧光染料分别为磺酸化杯［4］芳烃（CX4）-荧光染料 1-氨基甲基 2,3-二氮杂双环辛烯（DBO）（CX4/DBO）和葫芦［7］脲（CB7）-荧光染料（CB7/Dapoxyl）。对于 CX4/DBO 荧光信号传导单元，与游离状态的 DBO 相比，由于 DBO 在络合状态时荧光强度下降，因此传感器机理为荧光猝灭型。而对于 CB7/Dapoxyl，Dapoxyl 在络合状态时荧光强度相比于游离状态时增强，因此为荧光增强型。

在上述工作的基础上，该组又利用葫芦［7］脲（CB7）-荧光染料吖啶橙（AO）作为荧光信号传导单元，考察了对蛋白酶、外肽酶和内切酶的活性以及嗜热菌蛋白酶对脑啡肽类型多肽的水解过程，并对酶抑制动力学进行了实时测定，筛选了这类酶的潜在抑制剂[273]。图 2.5 给出了 CB7/AO 检测嗜热菌蛋白酶水解过程的原理示意及抑制剂的抑制

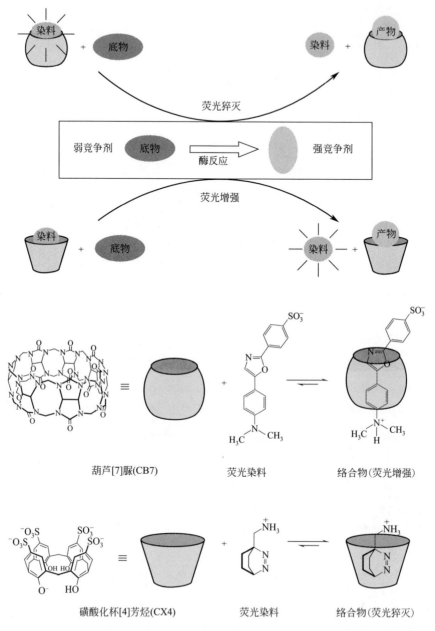

图 2.4 产物选择型基础上的荧光分子开关体系原理示意[241]

效应曲线。与游离状态的 AO 相比，由于 AO 在络合状态时荧光强度增加，因此传感机理为荧光增强型。

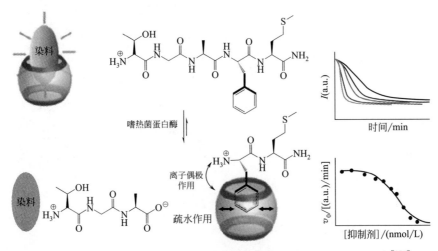

图 2.5　CB7/AO 信号传导单元检测嗜热菌蛋白酶水解过程的原理示意[273]

（a. u. 指任意单位，后同）

　　与放射性标记法及多步比色法测酶活相比，该法所需酶和底物浓度均下降了 2～3 个数量级，且避免了其他方法测酶活时所需的平衡过程、孵育过程或固定化过程。因此基于超分子化学的荧光分子开关体系，以其简单、快速、灵敏度高、适用的酶的种类较广等优势，有望成为测定酶活性的一种新方法。并且随着该领域研究范围的不断扩展和各种具有储备信息、转移信息等功能的新型超分子光开关的出现，必将在环境科学、分析科学和生命科学等方面发挥更大的作用。

2.2　二胺氧化酶

2.2.1　二胺氧化酶概述

　　二胺氧化酶（Diamine oxidase，DAO）是人类和哺乳动物小肠黏膜上层绒毛中具有高度活性的细胞内酶，其活性与黏膜细胞的核酸和蛋白合成密切相关，是反映肠道机械屏障的完整性和受损伤程度的一个理想指标。DAO 作为一种能够催化组胺、尸胺和腐胺等多种多胺氧化的酶，在多胺的循环代谢中起着重要作用。目前由反刍动物血浆中的酶已获得了它的结晶，其分子量为 25 万，含铜和磷酸吡哆醛。DAO 在体内分布具有高度区域性特点，正常情况下大部分分布于小肠黏膜，少部分分布在子宫内膜、肾脏、乳腺和精囊等其他器官中，且大部分来源于肠黏膜，在外周血中活性稳定[274]。其中氰化物、羟胺及氨基脲等羰基试剂已被确认为 DAO 活性的抑制剂。DAO 可在分裂细胞中高度表达，和人体内一些肿瘤的发生、发展密切相关，但在肿瘤诱导和增长中起的作用尚未清楚。

2.2.2　二胺氧化酶的生物功能

2.2.2.1　DAO 与多胺代谢的相关性

多胺包括腐胺、组胺、精胺和亚精胺等，在各种生物过程中起着重要作用。细胞生长过程之所以受多胺浓度的控制，是由于细胞增殖的一个先决条件就是在 DNA 合成开始阶段和细胞分裂前进入 G1 期时加强合成的多胺。很明显，快速增殖的细胞，包括骨髓、肠黏膜和肿瘤细胞，对多胺浓度都有很高的要求。尽管含铜胺氧化酶存在于多种组织中，但通常认为末端多胺分解代谢不参与细胞多胺水平的调节[275]。在某些病理生理情况下，发现 DAO 水平升高，这可能与疾病相关，但是 DAO 在快速增殖的组织中以调节方式起重要作用。除了在多胺代谢途径中的作用外，DAO 还催化组胺的脱氨基作用，甚至在一些动物物种的降解中也起着重要作用。可以说 DAO 是分解代谢组胺的主要酶类，该酶水平或活性降低都会使组胺降解能力受损，临床研究已表明食入富含阻断 DAO 的药物可引起外源性组胺增加，致使体内组胺积累，可诱发一系列类似过敏反应样的症状。

2.2.2.2　DAO 与癌症的相关性

目前关于 DAO 与癌症发生、发展的关系国内外已有相关报道。有研究发现，DAO 在肺癌、乳腺癌、直肠腺癌、子宫颈癌和子宫内膜癌组织中的活性明显高于其邻近的正常组织[274]。因此连续动态检测血清中 DAO 的浓度变化有助于对以上肿瘤进行正确诊断，也可对肿瘤的消退、复发、扩散进行实时监测。此外，Rogers 等对子宫颈组织分泌的 DAO 催化二胺的反应在子宫颈癌的病因学中所起的作用进行了考察，并应用免疫组织化学方法对正常乳腺组织、乳腺腺病和乳腺癌中 DAO 的含量和分布进行了对比，发现 DAO 在乳腺增生病变和乳腺癌组织的表达明显高于正常乳腺组织，尤其是在乳腺癌中的表达明显较高，说明根据 DAO 的含量和分布能够早期预示癌前病变[276]。而对 DAO 异常增高的乳腺组织，需要关注其恶变的可能性，可以说采用免疫组织化学方法研究 DAO 在乳腺组织中的含量和分布，对乳腺癌的诊断和预测也有一定参考价值。除了乳腺疾病外，研究表明 DAO 在肝癌组织中的表达也较高，该结果为研究原发性肝癌患者组织内 mRNA 表达和可能的基因变异提供了参考依据[277]。

2.2.2.3　DAO 在调控黏膜生长中的作用

胃肠道细胞的增殖受到激素［包括糖皮质激素、甲状腺素、胰岛素和生长因子（表皮生长因子）］等多种物质的控制。但有研究提出无论最初的营养刺激物是哪种物质，肠道黏膜中的细胞增殖依赖于到达祖细胞多胺的含量，其中 ODC 在调节黏膜生长中通过调节多胺水平起关键作用。

为了研究 ODC 和 DAO 在调节黏膜生长中的相关作用，在大鼠小肠切除后的肠细胞中检测了这两类酶的活性。结果发现在自适应反应期间黏膜 DAO 活性会下降，从而允许或者促进肠道生长。然而，多项研究结果确表明 ODC 活性在自适应增生过程中并不会升高，但是 DAO 活性与 ODC 活性会同步升高。ODC 和 DAO 在黏膜生长调控过程中的作用如图 2.6 所示。对肠黏膜进行各种营养刺激时，ODC 的活性立即增加。酶活性的升高使得多胺含量和细胞增殖活性同时增加。在 DAO 活动中，与扩散相关的增值主要存在于黏膜的绒毛顶端，表明 DAO 可通过降低腐胺含量或产生不确定的活性代谢物来抑制腺窝细胞的产生。此外，在切除大鼠小肠时，氨基胍不仅能抑制 DAO 活性，而且能刺激肠黏膜的自适应生长。这一现象表明，在广泛切除小肠后，剩余肠的结构和功能适应反应可能会因 DAO 活性的阻断而增强。然而，大量小肠切除后，受刺激反应可能会导致患者吸收不良现象显著减少。目前尚待解决的基本问题包括氨基胍诱导的肠道适应是暂时的还是持续的，短暂氨基胍治疗后的适应反应是否可以恢复到非增强状态，氨基胍的作用是否呈剂量依赖性。对 DAO 进行强抑制剂处理后，在健康对照中未描述任何临床反应。因此，在大量肠缺失患者中阻断 DAO 可能成为临床应用较多的一种方法，但在不健康的受试者中，心血管反应等不应低估其副作用。

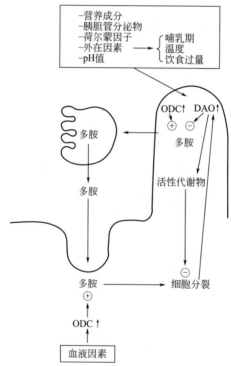

图 2.6　ODC 和 DAO 在黏膜生长调控中特异性作用的示意[275]

2.2.3　二胺氧化酶活性的测定方法

目前 DAO 活性的测定方法有放射性同位素标记、分光光度法和酶联免疫吸附法（ELISA）[274]。放射性方法主要是用 [14]C-腐胺或 [3]H-腐胺标记的底物被分解的量反映器官组织或血浆中 DAO 活性的方法。分光光度法相比于放射性同位素标记法具有简便、快速、重复性好及经济等优点，适合于酶含量及表达较高的情况，在临床和实验研究中应用较多，但该方法容易受到溶血因素影响，而且灵敏度不高。ELISA 法作为目前分子生物学实验中常用的一种酶活性测定方法，同样具有简便、快速、灵敏、准确和较高的特异性等优点，可以说是目前测定蛋白质抗原的较为理想的方法，但尚缺乏该方法所必需的抗 DAO 单克隆抗体。荧光法虽以其高灵敏性也可用于测定 DAO 活性，比其他方法灵敏度提高 2～3 个数量级，但其对所用的试剂、容器和仪器都要求很高，否则易产生非特异荧光干扰测定，或者引起荧光的猝灭使测定不准确。而本书所关注的 PAHs 本身具有一定荧光特性，且颜色、荧光性、紫外最大吸收波长和溶解性与 PAHs 的共轭体系、分子苯环的排列方式有密切相关。为避免 PAHs 本身荧光和紫外吸收对体系的干扰，本研究选择了以苯甲酰氯为衍生化试剂的高效液相色谱法，该法具有选择性好、专一性高等特点，对 DAO 催化活性及抑制动力学测定具有可行性。

2.2.4 二胺氧化酶在本研究中的作用

前文在氨基酸脱羧酶的生物功能中已指出多胺是广泛分布于生物体内的低分子脂肪族含氮化合物，主要包括腐胺、精胺和组胺等，其含量和细胞增殖及组织发育密切相关。但是细胞内多胺代谢功能的异常可导致多种疾病的产生，如炎症和癌症。自从在白血病人脾脏中发现精胺浓度显著高于正常人之后，人们就开始关注多胺与癌症之间的关系[278]。近年来的研究又发现，在许多癌症如肺癌、皮肤癌和乳腺癌等的发生过程中，多胺浓度显著升高，进一步揭示多胺参与调控癌症发生过程。多胺引发癌症的机制之一可能是多胺影响了细胞生长增殖，从而影响细胞凋亡、肿瘤入侵和转移相关基因的表达，但其精确的分子机制仍有待进一步研究阐明。总之，多胺平衡的失调均能诱导癌症的发生，而多胺分解代谢对于细胞来说是不可或缺的，其途径的调节主要通过该途径的关键酶多胺氧化酶来实现，其在维持动物体内的多胺平衡起到了重要的作用。二胺氧化酶作为多胺氧化酶中的一种，起着解毒作用，广泛存在于动物组织（肠黏膜、肺、肝脏、肾脏等）中，主要负责腐胺和组胺等的代谢，在肠黏膜中还能分解由氨基酸脱羧所生成的胺。

2.3 本书拟解决问题与研究设想

综上所述，环境中存在的有机污染物包括全氟烷基酸（PFAAs）、有机磷酸酯阻燃剂（OPEs）、有机汞和多环芳烃类物质（PAHs）等，它们是一类毒性很强的化合物。动物实验表明这些化合物的毒性主要包括：肝毒性、免疫毒性、神经毒性、内分泌干扰毒性、生殖发育毒性和致癌性等，还导致体重降低。目前对于这些污染物的毒性研究工作主要集中于动物实验、细胞水平实验或亚细胞水平实验，而分子水平的研究相对较少，需要我们在这方面进行更深入的研究。

环境污染物通过各种途径进入生物体，能够分布至全身或富集到某些特定的组织器官上。在体内，这些污染物可能会与血清蛋白结合，也可能与其他生物大分子包括各种蛋白、酶和磷脂等相互作用。污染物富集在靶器官后，其毒性效应往往也是通过与生物靶分子之间的相互作用产生的。氨基酸脱羧酶和二胺氧化酶作为生命体内多胺合成和代谢过程中最重要的一类酶，对于细胞的生长、发育和组织的修复是必不可少的，具有很重要的生理功能。因此，我们推测这些污染物也可能会通过与氨基酸脱羧酶和二胺氧化酶相互作用，从而产生毒性作用。

基于以上假设，我们拟在分子水平和细胞水平研究环境污染物与这类重要蛋白酶的直接相互作用及其后续的生物学效应的影响，并应用分子对接技术研究污染物与酶蛋白的作用方式，从分子结构上探讨污染物与酶蛋白结合及后续生物效应的原因，以期探讨这些污染物的致毒机制。最后综述目前上述环境有机污染物的分析检测和生物毒性测试方法，为以后的研究提供一定便捷。

第3章

全氟烷基酸对赖氨酸脱羧酶的毒性作用

3.1 实验背景及简介

全氟烷基酸（Perfluorinated alkyl acids，PFAAs）是一类具有特殊物理性质和化学性质的含氟化合物，广泛用于多个工业和消费产品领域。目前环境中存在的全氟烷基酸主要有全氟羧酸类（PFCAs）和全氟磺酸类（PFSAs）两大类。由于 C—F 键具有极高的化学键能，这些化合物能够经受很强的热、光照、化学、生物作用而不被降解。因此，PFAAs 在环境中广泛存在并积累于人类和野生动植物的体内。大量研究已表明 PFAAs 对动物会产生不利影响，尤其是 PFOS 和 PFOA。2009 年，PFOS 被认定为新型的持久性有机污染物，列入了《斯德哥尔摩公约》，限制其生产和使用。虽然一系列的管理措施限制了主要的 PFAAs 的生产和应用，但由于 PFAAs 具有持久性、生物累积性和生物放大性的特点，它们对人类健康的影响仍值得我们长期关注。

许多动物实验证明 PFAAs 暴露可引起很多种潜在生物毒性，包括导致体重下降、肝脏毒性、脂质代谢紊乱、内分泌干扰效应、生殖发育毒性和潜在的致癌性等。由于 PFAAs 的结构类似于脂肪酸，因此较早关于 PFAAs 的毒性研究侧重于机制的研究，包括对过氧化物酶体增殖剂激活的受体 α（PPARα）配体依赖的激活。PPARα 的激活可以开启一系列基因的表达，主要涉及脂质代谢、能量平衡、细胞分化以及过氧化物酶体的增殖。然而在 PPARα 基因敲除的动物体内，PFAAs 暴露仍能够引起肝癌发病率的增加，因此近年来 PFAAs 的雌激素效应在肝癌发生中所起的作用吸引了越来越多的关注。一些研究发现 PFAAs 在体外可以与雌激素受体（ER）相结合并招募共激活肽，在细胞内可以诱导 ER 调节的转录过程。此外，许多研究发现 PFAAs 暴露能够干扰甲状腺系统，通常导致甲状腺激素水平下降。对于 PFAAs 干扰甲状腺系统的功能通常认为主要是通过 PFAAs 与甲状腺激素转运蛋白（TTR）的竞争性结合来实现。PFAAs 在体外与人血清蛋白（HSA）的相互作用通常也被认为是干扰脂肪酸在血液中运输的一种可能途径。虽然目前已经揭示了许多引起 PFAAs 致毒的靶标分子，但目前对于 PFAAs 致毒机理在分子层面上的研究还很欠缺，是否仍然有其他的靶标分子与其相互作用，有待进一步研究。

赖氨酸脱羧酶（Lysine decarboxylase，LDC）是通过脱羧反应将赖氨酸生成尸胺的一种关键酶。尸胺对细胞的生长和发育是非常重要的，此外它也是合成一些具有重要药理功能的生物碱的必需物质，这些药理功能包括细胞毒素、抗心律异常、降低血糖和退热等。尸胺的合成受到抑制后会阻碍啮齿类动物的伤口愈合。一些疾病包括癌症与尸胺水平异常有密切相关。尽管 LDC 在许多生物过程中起着重要的作用，但关于分子调控机制的信息还是有限的。

在本研究中，我们利用免标记的荧光法研究了 PFAAs 与赖氨酸脱羧酶（LDC）的相互作用，所选用的 PFAAs 具有不同的碳链长度及末端基团，可以方便地对 PFAAs 与 LDC 的作用进行构-效分析。同时，我们考察了 PFAAs 对 LDC 构象的影响，并应用分子对接技术从分子结构上研究了 PFAAs 与 LDC 的结合模式。最后，我们在细胞水平上进一步考察了 PFAAs 对 LDC 活性的影响，以及后续的生物效应。

3.2 实验

3.2.1 试剂与仪器

赖氨酸、尸胺、葫芦 [7] 脲（CB7）、赖氨酸脱羧酶（LDC）、

2,4,6-三硝基甲苯（2,4,6-trinitrebenzenesulfonic acid，TNBS）、1,7-二氨基庚烷（1,7-diaminoheptane，DAH）、3-(4,5-二甲基噻唑-2)-2,5-二苯基四氮唑溴盐（MTT）、全氟丁酸（PFBA）、全氟戊酸（PFPA）、全氟己酸（PFHxA）、全氟庚酸（PFHpA）、全氟辛酸（PFOA）、全氟壬酸（PFNA）、全氟癸酸（PFDA）、全氟十一酸（PFUnA）、全氟十二酸（PFDoA）、全氟十三酸（PFTrDA）、全氟十四酸（PFTeDA）、全氟丁烷磺酸（PFBS）、全氟己烷磺酸（PFHxS）、全氟辛烷磺酸（PFOS）购自 Sigma-Aldrich 公司（St. Louis，MO，USA），全氟十六酸（PFHxDA）和全氟十八酸（PFOcDA）购自 Alfa Aesar 试剂公司（Ward Hill，MA，USA）。荧光探针 4-(5-(4-(二甲基氨基）苯基)-2-唑基）苯磺酸（Dapoxyl）购自 Molecular Probes 公司（Eugene，OR，USA）。鸟苷四磷酸（Guanosine 5′-diphosphate，3′-diphosphate，ppGpp）购自 Trilink BioTechnologies 公司（San Diego，CA）。其余化学试剂均为分析纯，所有溶液均由去离子水配制。

图 3.1 给出了本实验所用 PFAAs 的结构通式。

荧光分光光度计（Horiba Fluoromax-4，Edison，NJ，USA）用于荧光强度的测定；圆二色光谱仪（JASCO J-815，Tokyo，Japan）用于蛋白二级结构的测定；紫外可见分光光度计（Agilent，California，USA）用于细胞内酶反应生成的尸胺量；全波长多功能酶标仪（Thermo，MA，USA）用于 BCA 法测定重组蛋白浓度。细胞恒温培养箱均购自 Thermo（Thermo，MA，USA）。

3.2.2　LDC 活性以及与 PFAAs 相互作用的测定

对于酶活性测定实验，向 $500\mu\mathrm{L}$ HCl-NH_4OAc 缓冲液中加入 $20\mu\mathrm{g/mL}$ LDC，$50\mu\mathrm{mol/L}$ 赖氨酸，$2.5\mu\mathrm{mol/L}$ Dapoxyl 探针和 $30\mu\mathrm{mol/CB7}$ 后，37℃反应 1.5h，检测该混合液在 336nm 激发处的荧光发射光谱。而对于酶活性抑制实验，将不同浓度的污染物与含有 $20\mu\mathrm{g/mL}$ LDC，$2.5\mu\mathrm{mol/L}$ Dapoxyl 探针和 $30\mu\mathrm{mol/L}$ CB7 的混合液

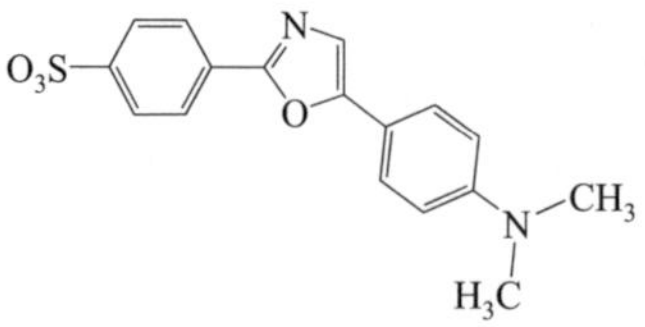

(a) 荧光探针
Dapoxyl

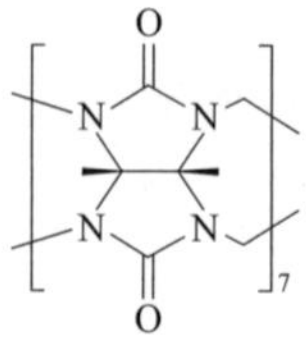

(b) 葫芦[7]脲
Cucurbit[7]uril(CB7)

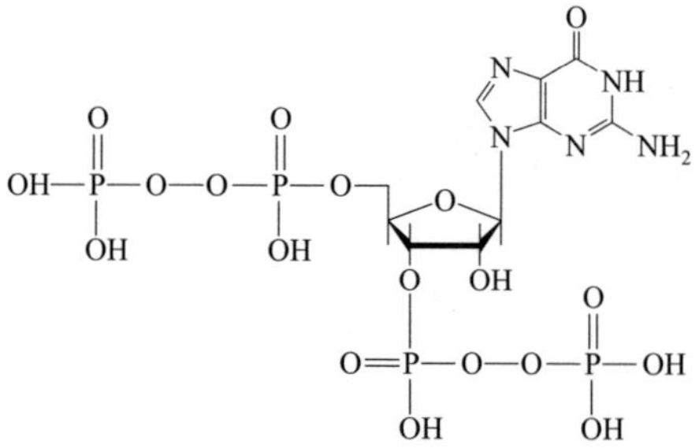

(c) 抑制剂
ppGpp

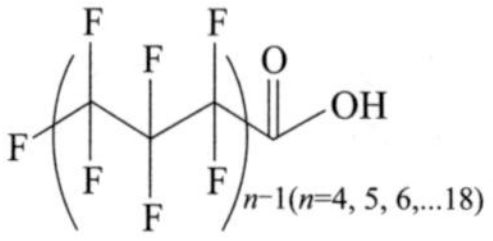

(d) 全氟羧酸类
Perfluorinated carboxylic acids(PFCAs)

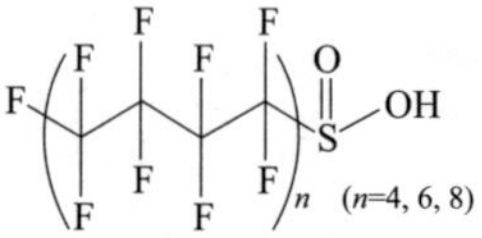

(e) 全氟磺酸类
Perfluorinated sulfonic acids(PFSAs)

图 3.1 实验中所用主要化学物质的结构式

于 37℃ 孵育 5h，之后加入 $50\mu mol/L$ 赖氨酸进行酶反应。应用酶反应前后 CB7/Dapoxyl 荧光强度的改变（$\Delta I = I_0 - I$）对污染物浓度作图，可以得出污染物对 LDC 的抑制效应曲线，计算出各种 PFAAs 对 LDC 活性的半抑制浓度（IC_{50}）以及抑制常数 K_i。

$$IC_{50} = K_i + \frac{1}{2}[E]$$

3.2.3　LDC 的圆二色光谱测定

将 LDC（150μg/mL）溶于 HCl-NH$_4$OAc 缓冲溶液（10mmol/L，pH＝6.5）中，应用 1.0mm 的石英比色皿，在波长 300～195nm 范围内进行 CD 光谱扫描。扫描速度 50nm/min，响应时间为 1s，每个图谱是 3 次扫描的平均。测定 PFAAs 对 LDC 的 CD 光谱影响时，将溶解在乙腈中的 PFAA 与 LDC 进行孵育，乙腈的终体积不超过 2％（实验中发现 2％体积的乙腈本身没有 CD 吸收，而且不会影响酶蛋白本身的 CD 光谱）。

3.2.4　细胞培养及毒性检测

HepG2 细胞培养在 PRMI1640 培养基中，培养基含 10％胎牛血清，100U/mL 青霉素及 100μg/mL 链霉素，细胞生长环境：37℃、5％ CO$_2$。

应用 MTT（噻唑蓝）试验来评价 PFAAs 对 HepG2 细胞的毒性。首先将 HepG2 细胞按 1×10^4 个细胞/孔接种在 96 孔板中，培养 12h 后，暴露系列浓度的 PFAAs 并培养 24h。然后向每孔中加入 20μL MTT 溶液，孵育 4h 后，弃去培养液，用 PBS 清洗 3 次，每孔加入 150μL DMSO。室温摇动 10min 以溶解生成甲瓒染料，应用酶标仪测定 570nm 处的吸光度值，每个浓度重复 3 次试验。

3.2.5　细胞内 LDC 活性的测定

应用紫外可见吸收法检测 HepG2 细胞暴露 PFAAs 后细胞内 LDC 的活性。该方法的原理即利用酶反应产物尸胺与三硝基苯磺酸（TNBS）反应可以生成橙红色的化合物，且该化合物溶于甲苯，而底物不进行上述反应。首先将 HepG2 细胞接种在 60mm×60mm 培养皿中。培养 12h 后，分别暴露于 PFOcDA（0～25μmol/L），PFOS（0～100μmol/L），PFOA（0～200μmol/L），PFBA（0～200μmol/L）或阴性对照组（VC），并培养 24h。然后将培养皿中的细胞用 PBS 洗涤 2 次后，加入

RIPA 裂解液进行裂解，离心后分离收集上清液，并利用 BCA 蛋白定量试剂盒进行定量。之后取适量细胞裂解液与底物于磷酸缓冲液中 37℃孵育 1h，之后依次加入 K_2CO_3 和 TNBS 并于 40℃反应 5min，加入甲苯充分混匀后静置分层。应用紫外可见分光光度计测定甲苯层 340nm 处的吸光度值。每个浓度重复 3 次试验。

3.2.6 细胞内尸胺水平的测定

取暴露 PFAAs 后的 HepG2 细胞裂解液 0.8mL，加入 1.0mmol/L 内标（DAH）20μL，混匀，加入 2.0mol/L 氢氧化钠溶液 0.5mL，苯甲酰氯 10μL，旋涡振荡 30s，40℃水浴 20min 后，加入 2.0mL 饱和氯化钠溶液中止反应，以乙醚振荡提取（2mL×3），合并乙醚液，空气吹干，残余物以 1.0mL 甲醇溶解，经微孔滤膜（0.45μm）过滤后供高效液相色谱法 HPLC 分析。色谱条件：Eclipse Plus C18 色谱柱（50mm×3mm；20/80 水/乙腈；0.1mL/min，25℃），紫外检测波长 254nm。

3.2.7 分子对接

LDC 与其抑制剂 ppGpp 复合物的晶体结构由蛋白数据库（Protein Data Bank）获得，PDB 序列号为 3Q16。16 种 PFAAs 和 ppGpp 的 3D 结构由 http://pubchem.ncbi.nlm.nih.gov 网站获得，并有 PRO-DRG2 服务器生成小分子配体的 pdb 文件。所有的小分子配体与 LDC 的结合分子模拟计算由 AutoDock 4.2 软件提供的拉马克遗传计算法（Lamarckian genetic algorithm）完成。格子的中心被设置在 LDC 结合口袋的中心处（即相邻二倍体 A 与 C 组成的狭缝），并且围绕该中心建立起 60×60×60 格点大小的栅格。每一个格点之间的距离设置为 0.375Å（$1Å=10^{-10}$ m，下同）。重要的拉马克遗传算法对接参数设置如下：种群规模为 150，最大数量为 250 万，最大为 2700 代，基因突变为 0.02，交叉率为 0.8。GA 运行的数量设置为 10，即每一次对接运算产生 10 个对接后的构象。计算生成的 10 个对接构象按照自由能消耗的函数（ΔG^*）进行打分，该函数涉及伦纳德-琼斯和库仑静电引力作用，方向性氢键作用，配体构象自由度引起的熵损失及去溶剂化作用。对接构象按照打分值进行排列，并对排在第一位的对接构象进行具体的分析。

3.2.8　数据统计分析

本章中所有的实验都独立重复 3 遍，数据以平均值±标准偏差（$n=3$）表示。使用双尾 T 检验法测定数据之间的显著性关系（p 值）。当 p 值小于 0.05 时认为数据之间有差异性，当 p 值小于 0.01 时就认为数据之间有显著差异性。

3.3　实验结果与讨论

3.3.1　免标记的荧光传感器对 LDC 活性的检测以及验证

本实验拟采用葫芦 ［7］ 脲（CB7） 与荧光探针（Dapoxyl）络合物基础上的荧光信号传导单元，利用酶催化产物和荧光探针与大环主体 CB7 的竞争结合，来实时动态研究赖氨酸脱羧酶的活性以及 PFAAs 对其活性的毒性影响。其具体原理如图 3.2 所示，首先我们采用的是产物选择型超分子化学基础上的荧光分子开关体系。在正常酶反应的情况下，产物会与荧光染料竞争结合大环主体空腔，使得荧光染料分子游离于大环主体空腔之外，结果导致酶反应之后体系的荧光信号降低。而当酶反应受到抑制以后，体系的荧光强度不再改变，或者是变化的程度减小，即是 CB7 与 Dapoxyl 形成络合物的荧光值。

在应用荧光信号传导单元 CB7/Dapoxyl 检测 LDC 活性之前，首先需要选择最优的 CB7/Dapoxyl 浓度。

不同浓度 CB7 对探针 Dapoxyl 荧光强度的影响如图 3.3 所示。

从图 3.3 中可以看出，在 10mmol/L NH_4OAc 缓冲体系中，探针 Dapoxyl 的荧光强度随着 CB7 浓度的增加而增强，在 CB7 浓度达到

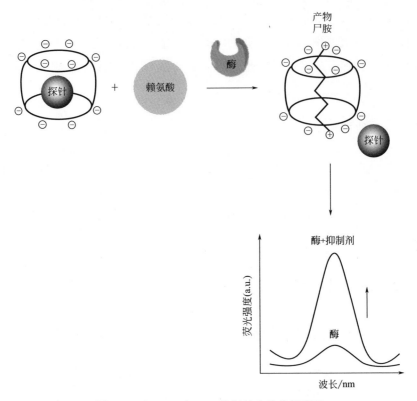

图 3.2　PFAAs 对 LDC 抑制效应的检测原理

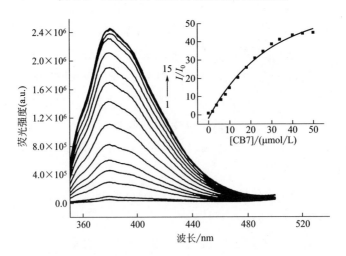

图 3.3　不同浓度 CB7 对探针 Dapoxyl 荧光强度的影响

[图中 1～15 分别表示 CB7 浓度（单位：μmol/L）为0、2.5、5、7.5、10、12.5、
15、17.5、20、25、30、35、40、45、50]

$30\mu mol/L$ 时，荧光强度达到一个平台。所以在以后的实验中 CB7/ Dapoxyl 的浓度选为（$30\mu mol/L$）/（$2.5\mu mol/L$）。此外，我们考察了产物尸胺以及底物赖氨酸对体系 CB7/Dapoxyl 荧光强度的影响。结果显示，在体系中加入产物尸胺后，可引起体系荧光强度显著的降低，而底物赖氨酸对体系的荧光强度并没有影响（图 3.4）。同时我们对酶以及底物浓度进行了优化，结果如图 3.5 所示。由图 3.5（a）可见，在底物存在下，随着 LDC 加入量的增大，荧光强度减弱。说明随着酶促反应的进行，底物逐渐转化为产物，从而将 Dapoxyl 从 CB7 空腔中竞争出来。图 3.5 说明荧光信号传导单元 CB7/Dapoxyl 可以实现对 LDC 活性的检测，在后续的抑制实验中，LDC 和赖氨酸的浓度分别固定为 $20\mu g/mL$ 和 $50\mu mol/L$。

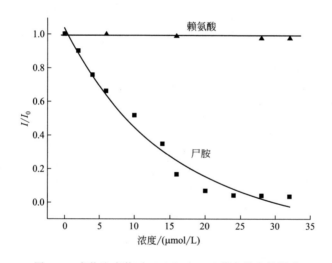

图 3.4　产物和底物对 CB7/Dapoxyl 荧光强度的影响

为了验证该方法的有效性，我们考察了已知抑制剂 ppGpp 对 LDC 活性的影响，其中 ppGpp 为 LDC 在体内的一种天然抑制剂。在含有底物赖氨酸，Dapoxyl 和 CB7 的混合液中加入 LDC 和抑制剂 ppGpp 后，Dapoxyl 在 380nm 处的荧光强度随着 ppGpp 浓度的增加，逐渐增强，最终达到平台［图 3.6（a）］。该结果说明抑制剂 ppGpp 阻止了酶促反应的正常进行，且随着 ppGpp 浓度的增大，其对酶活性的抑制达到完

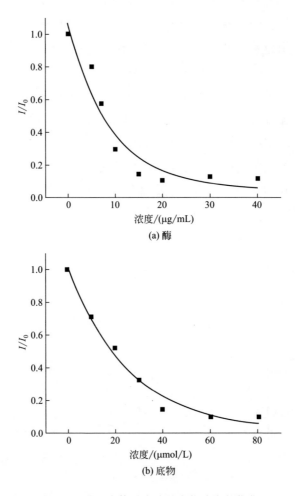

(a) 酶

(b) 底物

图 3.5　酶反应体系中酶及底物浓度的优化

全。根据抑制效应曲线，计算出了 ppGpp 对 LDC 活性抑制的 IC_{50} 值（即降低 50% 酶活性时所需的 ppGpp 浓度）为 3.94μmol/L ［图 3.6 (b)］。根据 IC_{50} 值，我们计算出了 ppGpp 对 LDC 活性的抑制常数 K_i 为 3.81μmol/L，接近于文献报道值（0.68μmol/L），该结果验证了方法的有效性。

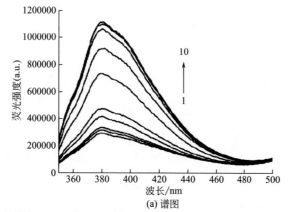

(a) 谱图

[浓度(单位：μmol/L)从1~10分别为0、0.01、0.1、0.5、1、5、8、50、100、200]

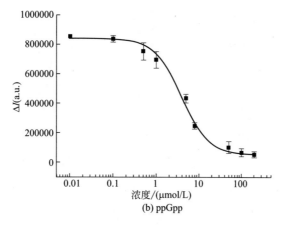

(b) ppGpp

图 3.6　ppGpp 加入后对 CB7/AO 体系的荧光发射光谱的影响
以及抑制剂 ppGpp 对 LDC 活性的抑制效应曲线图

3.3.2　PFAAs 对 LDC 活性的抑制效应

通过抑制剂 ppGpp 验证了方法的有效性后，我们应用上述方法研究了 16 种 PFAAs 对 LDC 活性的影响。PFAAs 对 LDC 活性的抑制效应曲线如图 3.7 所示。根据抑制效应曲线，计算出了 16 种 PFAAs 对 LDC 活性抑制的抑制常数 K_i 值，结果见表 3.1。

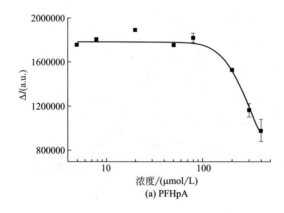

(a) PFHpA

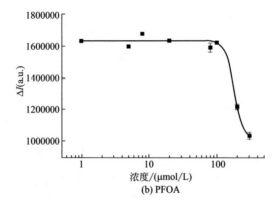

(b) PFOA

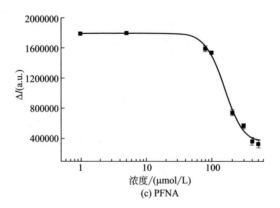

(c) PFNA

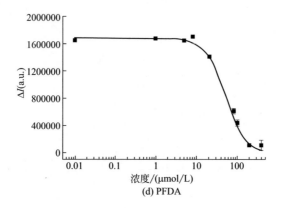

(d) PFDA

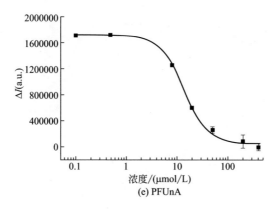

(e) PFUnA

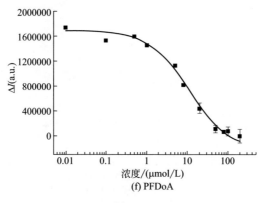

(f) PFDoA

图 3.7

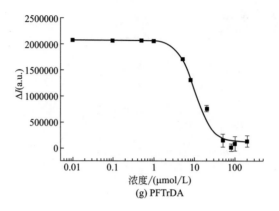

(g) PFTrDA

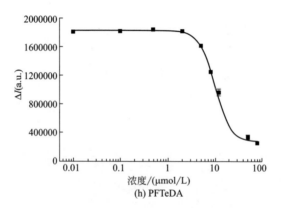

(h) PFTeDA

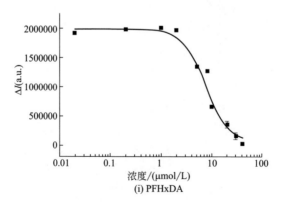

(i) PFHxDA

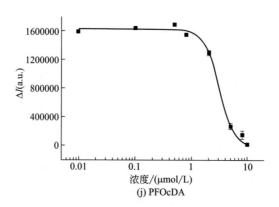

(j) PFOcDA

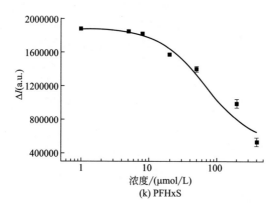

(k) PFHxS

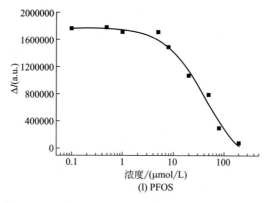

(l) PFOS

图 3.7   12 种 PFAAs 对 LDC 活性的抑制效应曲线

表 3.1　PFAAs 的分子链长、辛醇-水分配系数及抑制常数 K_i 值

PFAAs	分子式	$K_i/(\mu mol/L)$	lgK_{ow}[①]	分子长度/Å[②]
PFBA	$C_4HF_7O_2$	ND	2.04	6.02
PFPeA	$C_5HF_9O_2$	ND	2.65	6.47
PFHxA	$C_6HF_{11}O_2$	ND	3.25	7.94
PFHpA	$C_7HF_{13}O_2$	290.8	3.85	8.96
PFOA	$C_8HF_{15}O_2$	179.2	4.46	9.64
PFNA	$C_9HF_{17}O_2$	154.3	5.06	11.77
PFDA	$C_{10}HF_{19}O_2$	50.26	5.66	12.66
PFUnA	$C_{11}HF_{21}O_2$	13.37	6.27	13.07
PFDoA	$C_{12}HF_{23}O_2$	10.89	6.87	14.08
PFTrDA	$C_{13}HF_{25}O_2$	10.14	7.47	15.10
PFTeDA	$C_{14}HF_{27}O_2$	9.920	8.08	17.15
PFHxDA	$C_{16}HF_{31}O_2$	7.280	9.28	19.87
PFOcDA	$C_{18}HF_{35}O_2$	2.960	10.49	20.98
PFBS	$C_4HF_9O_3S$	ND	2.72	7.15
PFHxS	$C_6HF_{13}O_3S$	67.44	3.93	10.11
PFOS	$C_8HF_{17}O_3S$	41.22	5.14	11.98

① lgK_{ow} 通过 ChemBioDraw 软件获得。

② 分子长度从文献[279]中获得。

注:1. ND 表示未检测出。

2. 1Å$=10^{-10}$m。

由表 3.1 可以看出,所检测的 16 种 PFAAs 中,除 PFBA、PFPA、PFHxA 和 PFBS 外,其余 PFAAs 对 LDC 活性都有一定的抑制,且抑制强度呈现一定的规律性。对于中链（7～10 个碳原子）及长链（11～18 个碳原子）的全氟羧酸（PFCAs）来说,随着碳原子数的增加,其抑制能力逐渐增强,18 个碳原子的 PFOcDA 抑制效应最强（$K_i=2.960\mu mol/L$）,甚至强于抑制剂 ppGpp,这表明碳链长度在 PFCAs 的抑制效应中起着很关键的作用（图 3.8）。全氟磺酸（PFSAs）也具有同样的规律,即 PFOS 的抑制效应最强。但对于同样链长的 PFCAs 和 PFSAs 来说,磺酸的抑制效应要强于羧酸,如 PFOS 的抑制效应强于

PFNA。该结果说明碳链长度和末端基团可能是决定 PFAAs 对 LDC 不同抑制作用的关键因素。

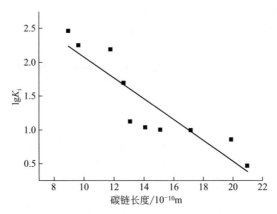

图 3.8　PFAAs 对 LDC 的抑制常数（$\lg K_i$）与其碳链长度的相关性

3.3.3　PFAAs 结合导致 LDC 的构象变化

蛋白质能够发挥生物学活性的一个重要参数就是具有一定的二级结构，如 α-螺旋、β-结构以及无规则卷曲等，而圆二色（Circular dichroism，CD）光谱法可用于研究小分子诱导的蛋白质二级结构的变化。本研究中，我们应用 CD 法考察了 4 种 PFAAs 的结合能否引起 LDC 的构象变化。图 3.9 给出了 LDC 与 PFBA、PFOA、PFOS 及 PFOcDA 结合后的 CD 光谱图，其中 1～4 分别表示 PFBA、PFOA 和 PFOS 的浓度（为 0μmol/L、50μmol/L、100μmol/L 和 200μmol/L），以及 PFOcDA 的浓度（为 0μmol/L、10μmol/L、25μmol/L、50μmol/L）。

由图 3.9 可以看出，单独的 LDC 在 225nm 及 196nm 处分别有一个最小和最大吸收峰，这一结果表明该蛋白质的二级结构中含有 α-螺旋和 β-结构组分。应用杨氏算法[280]对蛋白质的 CD 光谱进行分析发现，LDC 由 44％ α-螺旋、26％ β-结构和 30％无规则卷曲组成，该结果与文献所报道的晶体结构（41％ α-螺旋、21％ β-结构和 38％无规则卷曲）一致。当加入 PFBA 后，LDC 的 CD 光谱没有明显的变化；加入 PFOA 后，可以看到 LDC 蛋白 CD 光谱在 220nm 处略有增强；而当加

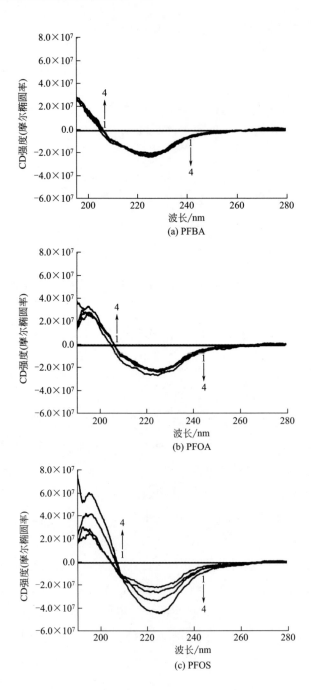

(a) PFBA

(b) PFOA

(c) PFOS

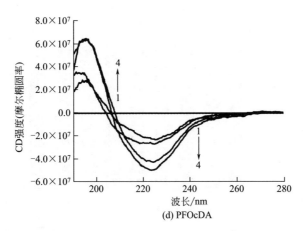

图 3.9　不同浓度 PFBA、PFOA、PFOS 和 PFOcDA 诱导下 LDC 的 CD 光谱图

入 50μmol/L PFOS 后，220nm 处 CD 强度增加了约 21.4%，且 LDC 的二级结构中 α-螺旋和 β-结构的比例都有增多，分别增加了 3.3% 和 2.2%。对于 PFOcDA 来说，当加入 50μmol/L 后，可引起 CD 强度、α-螺旋和 β-结构分别增加约 114.2%、8.5% 和 5.4%，以及无规则卷曲 13.9% 的降低。综上可见，这 4 种 PFAAs 对 LDC 构象的影响强度为：PFOcDA＞PFOS＞PFOA＞PFBA，该结果与前面应用荧光方法所测的抑制结果相一致。

3.3.4　PFAAs 对细胞内 LDC 活性及尸胺水平的影响

由于酶催化部位的活性残基在物种间高度保守，PFAAs 对标准品 LDC 活性的抑制效应也可能反映这些化合物在人体细胞内对 LDC 活性的影响。在这里，我们选择 HepG2 细胞进一步研究了 4 种 PFAAs 对 LDC 活性的影响及后续的生物学效应。在测定 PFAAs 对酶活性的影响之前，我们首先应用 MTT 方法研究了这 4 种 PFAAs 对 HepG2 细胞的毒性效应，以确定每种 PFAAs 对 HepG2 的非致死剂量。图 3.10 为 MTT 检测结果。可以看出，PFOS 对细胞的毒性具有明显的剂量-效应关系，并在 160μmol/L 时引起细胞明显的死亡。而 PFOA 和 PFBA 在 500μmol/L 时才能观察到明显的毒性。由于 PFOcDA 溶解度较低，在所检测的 50μmol/L 浓度范围内未见到明显毒性（＜6%）。

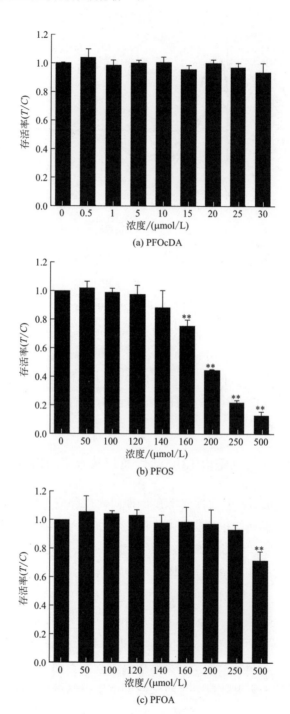

(a) PFOcDA

(b) PFOS

(c) PFOA

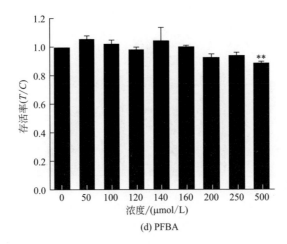

(d) PFBA

图 3.10　四种 PFAAs（PFOcDA、PFOS、PFOA 和 PFBA）对 HepG2 的
细胞毒性（显著性设置：**指 $p < 0.01$，后同）

随后，我们将 4 种代表性的 PFAAs（PFBA、PFOA、PFOS 及 PFOcDA）在非毒性剂量下暴露 HepG2 细胞 24h，并收集细胞裂解液。当一定浓度的赖氨酸与适量细胞裂解液（约含有 25μg 蛋白）在 37℃ 孵育 1h 后，会有尸胺产生。每微克蛋白中尸胺的生成量作为测定酶活性的标准。依据这个标准，我们测定了 HepG2 细胞暴露 PFAAs 后胞内 LDC 的活性。如图 3.11（a）～（c）所示，PFOA、PFOS 及 PFOcDA 对 LDC 活性的抑制表现出明显的浓度依赖性。归一化后发现，PFOcDA 在暴露 25μmol/L 后 LDC 的活性与阴性对照组（未暴露 PFAAs）相比，降低了约 41.6%，即从 3.32μmol/(L·μg 蛋白质) 降低到 1.94μmol/(L·μg 蛋白质)。类似于 PFOcDA，暴露 PFOS 和 PFOA 后也可引起酶活性的降低，但强度要弱于 PFOcDA。而暴露 PFBA 后并不能引起细胞内 LDC 活性的改变［图 3.11（d）］。且这 4 种 PFAAs 对胞内 LDC 活性的抑制强度为：PFOcDA＞PFOS＞PFOA＞PFBA，该结果与胞外荧光方法所测的抑制结果相一致。

随后我们又比较了暴露 PFAAs 前后细胞内尸胺含量的变化情况。可以发现，与阴性对照组相比，暴露 PFOA、PFOS 及 PFOcDA 后均可引起尸胺水平的降低［图 3.11（e）～（g）］。尤其对于 PFOcDA，

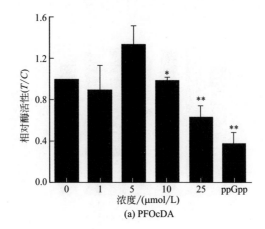

(a) PFOcDA

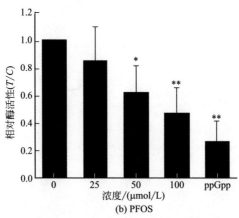

(b) PFOS

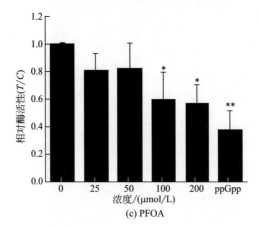

(c) PFOA

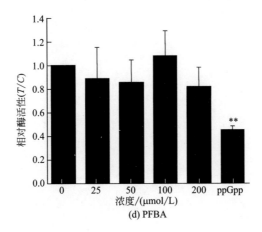
(d) PFBA

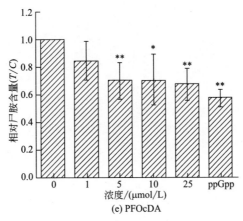
(e) PFOcDA

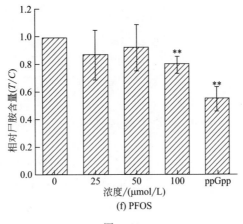
(f) PFOS

图 3.11

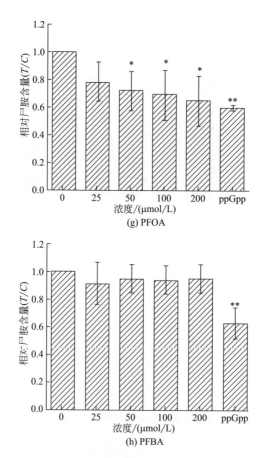

图 3.11　PFAAs 对 HepG2 细胞内酶活 (■) 和尸胺水平 (▨) 的变化

（显著性设置：* 指 $p < 0.05$，后同）

$25\mu mol/L$ 的暴露量可引起尸胺降低 31.7%。鉴于上述这些结果，可以推断出 PFAAs 对 LDC 活性的抑制以及后续的生物学效应在活细胞中也有明显的体现。

3.3.5　PFAAs 与 LDC 的分子对接结果

为了进一步研究 PFAAs 对 LDC 产生抑制效应的机理，我们采用分子对接的方法研究 PFAAs 与 LDC 的相互作用方式。分子对接（Molecular docking）是分子模拟的重要方法之一，其本质是两个或多个分子之间通过几何匹配和能量匹配相互识别的过程。近年来，随着生物大分子的 X 射线衍射技术的进步，越来越多重要的蛋白分子的结构被揭示。分子模拟方法也逐渐被用于对化合物进行性能预测、对过程进行优化筛选，从而为实验提供可行性方案设计或是对已有的实验现象进行理论解释、探讨作用机理。Autodock 是一个应用广泛的分子对接程序，由 Olson 科研组开发。本书采用 AutoDock4.2 对 PFAAs 与 LDC 的相互作用方式进行模拟。

为了验证分子对接方法的准确性，首先采用抑制剂 ppGpp 与酶蛋白进行对接。将分子对接的结果与晶体结构研究的结果进行比对以判断对接方法的准确性。X 射线衍射所得的 LDC 晶体结构显示，该蛋白是由 5 个二倍体组成的十倍体低聚物，活性中心位于相邻二倍体表面形成的狭缝之间。最优对接构象（能量打分值排在第一位）显示，ppGpp能够很好地匹配到狭缝表面的结合口袋中。该疏水口袋由三部分组成，一部分与 ppGpp 的鸟嘌呤核苷产生疏水作用力，另外两部分分别与ppGpp 的 $3'$-磷酸和 $5'$-磷酸部分相互作用。此外，ppGpp 的磷酸基与LDC 的 Arg206 和 Gly418 残基形成 3 个氢键［彩图 3（a）］。该结果与X 射线衍射所得的晶体结构相一致。因此采用分子对接能在一定程度上准确地反映分子间相互作用，有助于我们研究配体的作用机理。

通过 ppGpp 与 LDC 的对接进行条件优化后，采用该条件对 16 种PFAAs 与 LDC 的结合作用方式进行对接，结果如书后彩图 3 所示。分子对接结果显示 PFAAs 在 LDC 空腔中的位置与 ppGpp 相类似，也就是极性头部能够与 Arg565、Asn568、Arg585 和 Arg206 残基形成氢键，非极性尾巴占据在 ppGpp 所处的疏水空腔中。而且可以明显看出，长链的 PFAAs 与 LDC 非极性部分的接触面积要大于中链的 PFAAs。但对于短链的 PFAAs 来说，结合模式明显不同于长链的 PFAAs，由于它们的碳链太短，只占据了结合口袋的很小部分，都不足以匹配在ppGpp 结合的空腔内。这也许是 PFAAs 与酶结合能力随碳链长度增加而增强且 18 个碳的 PFOcDA 具有最强结合力的主要原因。事实上，在前述的荧光竞争实验发现，PFAAs 对 LDC 的抑制常数与 PFAAs 的$\lg K_{ow}$ 存在很好的相关性（$R^2=0.87$）（见图 3.12），这说明 PFAAs 的疏水性是决定其与 LDC 相互作用的主要因素。然而，静电作用力可能也包含其中，由于磺酸盐携带更多的负电荷，所以它相比于羧酸盐能够与 LDC 形成较强的静电相互作用。这也许可以解释为什么同样分子长度的 PFSAs 与 LDC 相互作用强于 PFCAs，即使它们的 $\lg K_{ow}$ 和氢键是相似的。

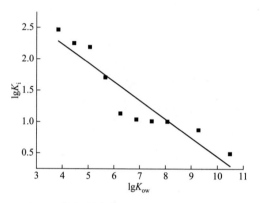

图 3.12　PFAAs 对 LDC 的抑制常数（$\lg K_i$）与其疏水性（$\lg K_{ow}$）的相关性

3.4　实验总结

本研究利用免标记的荧光法、CD 光谱法、细胞实验和分子对接综合考察了 PFAAs 对 LDC 活性的抑制作用。首次获得了 PFAAs 对 LDC 的抑制常数，并证明 PFOcDA 的抑制效应最强；此外发现这些抑制效应的强弱依赖于 PFAAs 的疏水性以及功能基团。由分子对接结果得出抑制作用的不同是由结合模式以及 PFAAs 的尺寸、取代基团和疏水性特性决定的。在非致死剂量下，PFOA、PFOS 和 PFOcDA 在 HepG2 细胞内可明显抑制 LDC 活性，并导致后续的生物学效应即细胞内尸胺水平的下降，这些结果表明 LDC 可能是 PFAAs 体内毒性作用的一个靶标分子。

第4章

有机磷酸酯阻燃剂对赖氨酸脱羧酶的毒性作用

4.1　实验背景及简介

自 2000 年以来，由于世界范围内对溴代阻燃剂（Brominated flame retardants，BFRs）的生产和使用进行了限制，以及 2009 年商品化的五溴和八溴联苯醚被列入《斯德哥尔摩公约》。有机磷酸酯阻燃剂（Organophosphate esters，OPEs）作为 BFRs 的主要替代品，其生产和使用量迅速增加。2004 年，OPEs 占全球阻燃剂产量的 14%，而 BFRs 所占的比例为 21%。OPEs 是人工合成的工业化学品，作为阻燃剂、增塑剂、消泡剂和添加剂广泛用于日常和工业生产中，如建筑和绝缘材料、纺织品、家具、地板抛光、涂料、润滑油、液压流体、电缆和电子产品。OPEs 作为磷酸的衍生物，具有不同的取代基团，包括烷基取代（如 TnBP）、卤代烷取代（如 TCEP）和芳香取代（如 TPhP）三大类。类似于 BFRs，OPEs 作为添加阻燃剂，缺少化学键的束缚，添加于产品中的 OPEs 很容易通过挥发和渗出等方式进入环境中。因此目前环境中都可以检测到 OPEs 的存在，水环境中（如河流、地下水、地表水、饮用水和废水）OPEs 的浓度范围为 $0.015\mu g/m^3 \sim 24mg/m^3$，室内大气和灰尘中分别为 $0.05ng/m^3 \sim 730mg/m^3$ 和 $0.04\sim1800\mu g/g$，沉积物中为 $0.05\sim24000g/kg$，沿海生物群中为 $0.025\sim810g/kg$，尤其是室内灰尘中 OPEs 的检测浓度甚至高于 BFRs 的浓度。

目前已有报道证明 OPEs 暴露可引起很多种潜在的生物毒性，包括皮肤刺激性，神经毒性、生殖毒性、致癌性和发育毒性。在先前的研究中，酯酶作为神经病变的靶受体，已经被确认成为 OPEs 产生毒性的重要生物学靶标。动物实验证明，包括 TBEP、TCEP、TPhP 和 TCrP 在内的一些 OPEs 长期暴露大鼠，可以引起大鼠红细胞内乙酰胆碱酯酶（AChE）活性的显著降低。TCrP 和 TPhP 通过磷酸化乙酰胆碱酶（AChE）活性位点处的丝氨酸羟基，可显著抑制类胆碱神经轴突中 AchE 的活性，使得烟碱和毒蕈碱的受体中神经递质乙酰胆碱的不断积累，从而导致神经系统和神经行为功能的损伤。体外实验证明，5 种芳香磷酸酯（包括磷酸二苯酯、磷酸三苯酯、三环己基磷酸盐、磷酸二苯甲酯和 TPhP）是人单核细胞羧酸酯酶（CBE）的有效抑制剂，但烷基取代的磷酸（磷酸三丁酯和磷酸三乙酯）并没有抑制效应。此外，利用放射性同位素标记的竞争实验已证明 TPhP 可以与雄激素受体（Androgen receptor，AR）相结合。

氨基酸脱羧酶是生物体内多胺如尸胺、胍丁胺、组胺和腐胺等合成过程中最重要的一类酶。而多胺作为一种天然有机阳离子广泛存在于植物、动物和微生物中。已有研究表明多胺对于细胞的生长、发育和组织的修复是必不可少的，人类的生殖发育系统也离不开多胺的参与，同时多胺水平的异常也可导致癌症的发生。此外，多胺也可以与许多带电荷的生物大分子结合形成结合态多胺，大分子包括 DNA、蛋白质、膜磷脂和膜蛋白等。而结合态多胺又可以通过调控蛋白质磷酸化，转录后修饰和 DNA 构象改变等方式影响生物体的生理功能[281]。鉴于多胺重要的生物功能，探索外源性化学物质对负责合成它们的氨基酸脱羧酶活性的影响很值得我们研究。

本实验中，我们利用改进的荧光免标记竞争方法考察了 12 种结构多样化的 OPEs 对赖氨酸脱羧酶（LDC）活性的影响。这些 OPEs 具有不同的取代基团包括烷基、氯代烷基和芳香取代。结合荧光竞争方法所测的数据、体外细胞实验和分子对接的结果，我们对 OPEs 抑制 LDC 活性的构效关系，以及 LDC 是否可能为细胞内 OPEs 的生物靶标分子进行了详细的调查和评估。

4.2　实验

4.2.1　试剂与仪器

赖氨酸、尸胺、吖啶橙（AO）、葫芦［7］脲（CB7）、赖氨酸脱羧酶（LDC）、2,4,6-三硝基苯磺酸（TNBS）、1,7-二氨基庚烷（DAH）购自 Sigma-Aldrich 公司（St. Louis，MO，USA），鸟苷四磷酸（ppGpp）购自 Trilink BioTechnologies 公司（San Diego，CA）。三甲基磷酸酯（TMP）、三乙基磷酸酯（TEP）、三丙基磷酸酯（TPrP）、三丁基磷酸酯（TnBP）、三丁氧基磷酸酯（TBEP）、三（2-乙基）己基磷酸酯（TEHP）、三（2-氯乙基）磷酸酯（TCEP）、三氯丙基磷酸酯（TCPP）、三（二氯丙基）磷酸酯（TDCP）、三苯基磷酸酯（TPhP）、三甲苯基磷酸酯（TCrP）和三（2-乙基己基二苯基）磷酸酯（EHDPP）均购自 Dr. Ehrenstorfer Gmbh（Germany）。苯甲酰氯购自 TCI（Tokyo，Japan），BCA 蛋白定量试剂盒来自康为生物技术公司（Beijing，China）。色谱级乙腈购自 J. T. Baker（Phillipsburg，NJ，USA）。十二烷基硫酸钠（SDS）、甘油和 2-巯基乙醇从 Amresco（Ohio，USA）获得。NH$_4$OAc、Tris-HCl 和 K$_2$CO$_3$ 都来自国药控股北京化学试剂有限公司（Beijing，China）。其余化学试剂均为分析纯，所有溶液均由去离子水配制。图 4.1 给出了本实验所用 OPEs 的结构式。

荧光分光光度计（Horiba Fluoromax-4，Edison，NJ，USA）用于荧光强度的测定；紫外可见分光光度计用于测定细胞内的尸胺含量；全波长多功能酶标仪（Thermo，Varioskan FLASH）用于 BCA 法测定重组蛋白浓度；高效液相色谱（Agilent 1260，Hewlett Packard，NC，USA）用于检测细胞内的尸胺含量。

4.2.2　荧光法对酶活性与抑制效应的测定

本实验中，我们选择的超分子主体仍为 CB7，但荧光染料分子更换为 AO。随着酶促反应的进行，尸胺会与荧光染料 AO 竞争结合 CB7 空

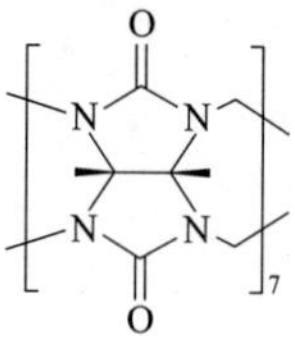

(a) 葫芦[7]脲
(CB7)

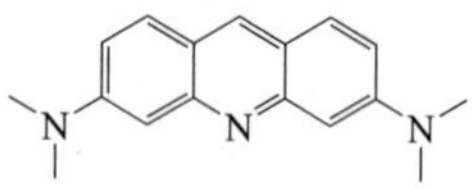

(b) 荧光探针
(AO)

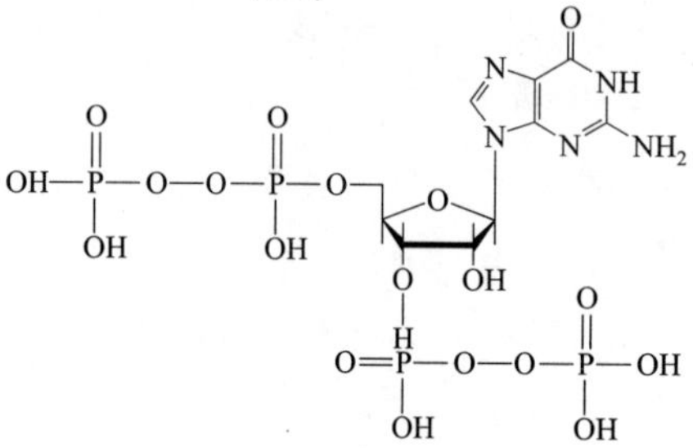

(c) 抑制剂
(ppGpp)

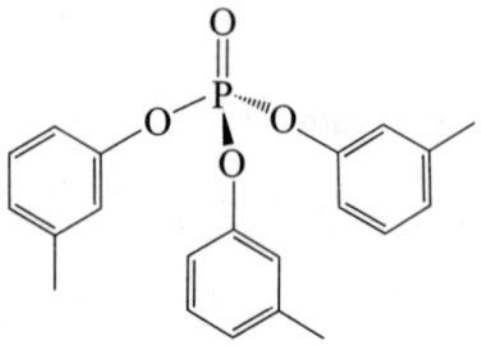

(d) 三甲苯基磷酸酯
(TCrP)

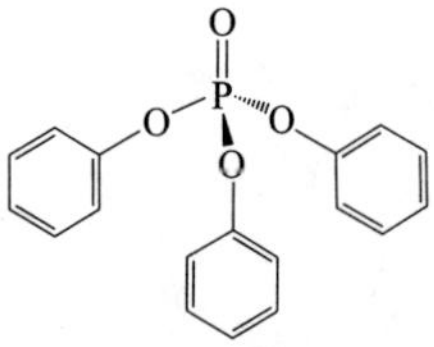

(e) 三苯基磷酸酯
(TPhP)

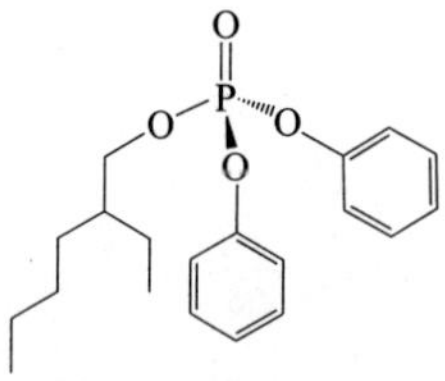

(f) 三(2-乙基己基二苯基)磷酸酯
(EHDPP)

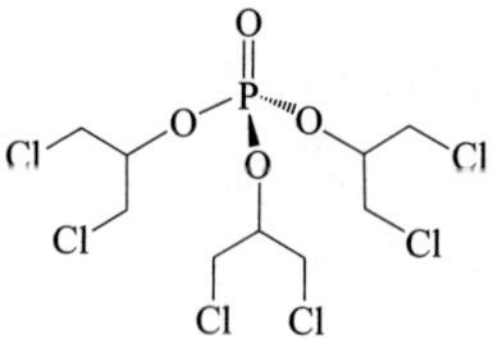

(g) 三(二氯丙基)磷酸酯
(TDCP)

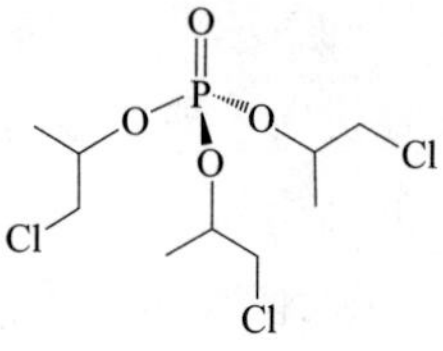

(h) 三氯丙基磷酸酯
(TCPP)

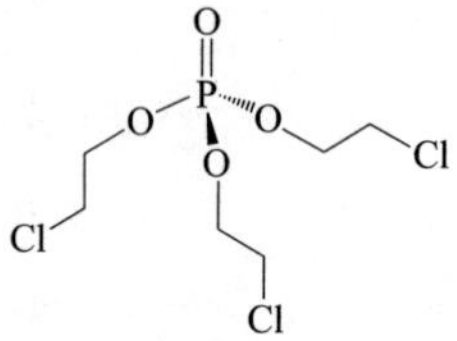

(i) 三(2-氯乙基)磷酸酯
(TCEP)

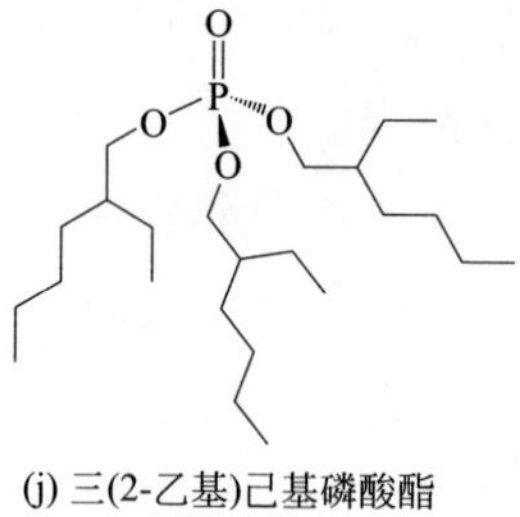

(j) 三(2-乙基)己基磷酸酯
(TEHP)

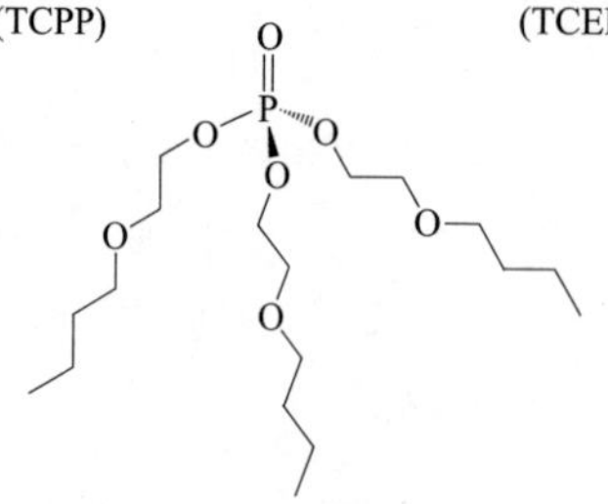

(k) 三丁氧基磷酸酯
(TBEP)

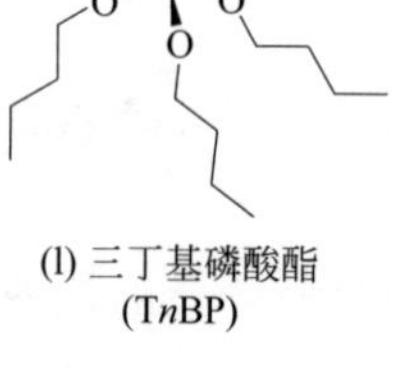

(l) 三丁基磷酸酯
(TnBP)

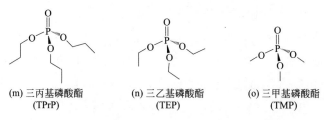

(m) 三丙基磷酸酯 (TPrP)　　(n) 三乙基磷酸酯 (TEP)　　(o) 三甲基磷酸酯 (TMP)

图 4.1　本研究中 OPEs 及其他化学物质的结构式

腔，从而导致体系荧光信号的降低。如果 LDC 活性受到抑制后，荧光强度会保持不变（见图 4.2）。测定荧光时激发和发射波长分别为 485nm 和 510nm，激发和发射狭缝都设定为 3nm。在利用 AO/CB7 荧光信号分子传导单元测定 LDC 活性之前，我们利用连续滴定法优化了 AO 和 CB7 的浓度，即含有 AO 的缓冲液中逐渐加入不同浓度的 CB7。之后在优化好的 CB7/AO 浓度基础之上同样利用连续滴定法测定了产物尸胺和底物赖氨酸对体系荧光的影响。对于酶活性测定实验，向 500μL HCl-NH$_4$OAc 缓冲液中加入 8.0μg/mL 赖氨酸脱羧酶、50μmol/L 赖氨酸、0.5μmol/L AO 探针和 5μmol/L CB7 后，37℃反应 1.5h，检测该混

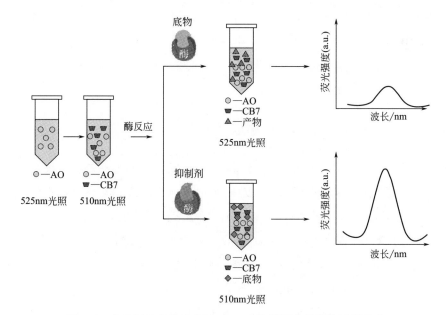

图 4.2　免标记的荧光竞争法对 LDC 抑制效应的检测原理示意

合液在 485nm 激发时的荧光发射光谱。而对于酶活性抑制实验，将不同浓度的抑制剂与含有 $8.0\mu g/mL$ LDC、$2.5\mu mol/L$ AO 探针和 $5\mu mol/L$ CB7 脲的混合液于 37℃ 孵育 5h，之后加入 $50\mu mol/L$ 赖氨酸进行酶反应。应用酶反应前后单位时间内 CB7/Dapoxyl 荧光强度的改变对抑制剂浓度作图，可以得出抑制剂对 LDC 的抑制效应曲线，计算出各种 OPEs 对 LDC 活性的半抑制浓度（IC_{50}）以及抑制常数 K_i。

$$IC_{50} = K_i + \frac{1}{2}[E]$$

4.2.3　细胞培养及活性的测定

嗜铬细胞瘤 PC12 细胞系来源于褐家鼠鼠肾上腺髓质，从 ATCC（Manassas，VA，USA）获得。PC12 细胞培养于 DMEM 高糖培养基中，含 6% 胎牛血清、6% 马血清、100U/mL 青霉素及 $100\mu g/mL$ 链霉素，细胞生长环境为 37℃、5% CO_2。

应用 WST-1 试验来评价 OPEs 对 PC12 细胞的毒性。首先将 PC12 细胞按 1×10^4 细胞/孔接种在 96 孔板中，培养 12h 后，暴露系列浓度的 OPEs 并培养 24h。然后向每孔中加入 WST-1（1∶10 稀释）溶液，孵育 4h 后，应用酶标仪分别测定 440nm 和 600nm 处的吸光度值。每个浓度重复 3 次试验。

4.2.4　细胞内 LDC 活性的测定

为了进一步验证 OPEs 在活细胞内对 LDC 活性的抑制效应，我们应用紫外分光光度法测定了 OPEs 暴露 PC12 细胞后胞内 LDC 活性的变化情况。该方法的原理即利用酶反应产物尸胺与三硝基苯磺酸（TNBS）反应可以生成具有较高摩尔消光系数的橙红色化合物，且该化合物溶于甲苯，而底物不可以进行上述反应。首先将 PC12 细胞接种于 60mm×60mm 培养皿中，培养 12h 后，分别暴露 TCrP、TPhP、TDCP、TCEP、TCPP（0～$100\mu mol/L$）、EHDPP（0～$50\mu mol/L$）及阴性对照组（VC），并培养 24h。然后将培养皿中的细胞用 PBS 洗涤 2 次后，加入含有 4% SDS、

20%甘油、2% 2-巯基乙醇的 RIPA 裂解液进行裂解，离心后分离收集上清液，并利用 BCA 蛋白定量试剂盒进行定量。之后取适量细胞裂解液与底物于磷酸缓冲液中 37℃ 孵育 1h，之后依次加入 K_2CO_3 和 TNBS 并于 40℃ 反应 5min，加入甲苯充分混匀后静置分层，LDC 的活性通过测的萃取到甲苯层中的 TNP-尸胺化合物的浓度来确定。应用紫外可见分光光度计测定甲苯层 340nm 处的吸光度值。每个浓度重复 3 次试验。

4.2.5　细胞内尸胺水平的测定

取暴露 OPEs 后的 PC12 细胞裂解液 0.8mL，加入 1.0mmol/L 内标（DAH）20μL，混匀，加入 2.0mol/L 氢氧化钠溶液 0.5mL，苯甲酰氯 10μL，旋涡振荡 30s，40℃ 水浴 20min 后，加入 2.0mL 饱和氯化钠溶液中止反应，以乙醚振荡提取（2mL×3），合并乙醚液，空气吹干，残余物以 1.0mL 甲醇溶解，经微孔滤膜（0.45μm）过滤后供高效液相色谱法 HPLC 分析。色谱条件：Eclipse Plus C18 色谱柱（50mm×3mm；20/80 水/乙腈；0.1mL/min，25℃），紫外检测波长 254nm。

4.2.6　分子对接

LDC 与其抑制剂 ppGpp 复合物的晶体结构由蛋白数据库（Protein Data Bank）获得，PDB 序列号为 3Q16。12 种 OPEs 和 ppGpp 的 3D 结构由 http://pubchem.ncbi.nlm.nih.gov 网站获得，并有 PRO-DRG2 服务器生成小分子配体的 pdb 文件。所有的小分子配体与 LDC 的结合分子模拟计算由 AutoDock 4.2 软件提供的拉马克遗传计算法（Lamarckian genetic algorithm）完成。格子的中心被设置在 LDC 结合口袋的中心处，并且围绕该中心建立起 $60×60×60$ 格点大小的栅格。每一个格点之间的距离设置为 $0.375×10^{-10}$ m。重要的拉马克遗传算法对接参数设置如下：种群规模 150，最大数量为 250 万，最大为 2700 代，基因突变为 0.02，交叉率为 0.8。GA 运行的数量设置为 10，即每一次对接运算产生 10 个对接后的构象。计算生成的 10 个对接构象按照自由能消耗的函数（ΔG^*）进行打分，该函数涉及伦纳德-琼斯和库仑静电引力作用，方向性氢键作用，配体构象自由度引起的熵损失及去溶剂化作用。对接构象按照打分值进行排列，并对排在第一位的对接构象进行具体的分析。

4.3 实验结果与讨论

4.3.1 免标记的荧光传感器对 LDC 活性的测定

考察 OPEs 对 LDC 活性的抑制作用之前，首先需要对酶活性进行测定。因为 LDC 的底物和产物都是光惰性物质，很难开发比色或荧光分析等传统的分析方法。2007 年，Henning 等描述了一个测定氨基酸脱羧酶活性的新型概念，即使用大环受体和荧光染料，如 CB7/Dapoxyl 和 CX4/DBO。该竞争取代法既简单又方便，但 LDC 的用量在这些体系中相当高（40.0μg/mL）。最近，该组采用 CB7/AO 对蛋白酶的活性和抑制进行了测定。因此我们尝试使用这个体系来测定 LDC 活性，看是否可以减少酶的用量，然后使用该体系来筛选大量 LDC 的抑制剂。

基于上述思路，我们首先对 CB7/AO 信号传导单元的浓度进行了优化。AO 本身的激发波长位于485nm处，而发射波长为525nm。固定 AO 浓度，随着 CB7 浓度的逐渐增大（1～9 浓度分别为 0μmol/L、2.5μmol/L、5μmol/L、7.5μmol/L、10μmol/L、12.5μmol/L、15μmol/L、17.5μmol/L 和 20μmol/L），AO 的最大发射波长逐渐向短波长方向移动，最终为 510nm，峰值强度增加了 3 倍（图 4.3）。以 525nm 处荧光强度相对于 CB7 浓度作图，并使用改进后的 Benesi-Hildebrand 方程进行拟合，得出 AO 与 CB7 的结合常数为 $1.50 \times 10^5 \text{L/mol}$，该值与文献报道值（$2.90 \times 10^5 \text{L/mol}$）接近。基于荧光滴定曲线，CB7 和 AO 的浓度分别选为 5μmol/L 和 0.5μmol/L。

为保证该方法对酶活性检测的有效性，LDC 的底物和产物必须在竞争取代 AO 时表现出不同的竞争结合能力，即在 CB7/AO 体系中加入底物和产物后荧光强度会有明显的不同。为比较它们与 CB7 的结合能力，我们将底物赖氨酸和产物尸胺分别滴加到含有 5μmol/L CB7 和 0.5μmol/L AO 的 NH₄OAc 缓冲液中。如图 4.4 所示，在体系中加入

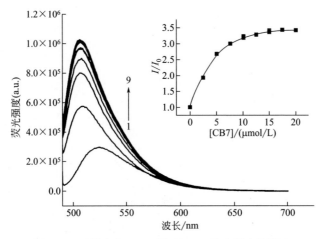

图 4.3　不同浓度 CB7 对探针 AO 荧光强度的影响

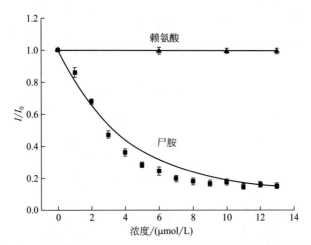

图 4.4　底物赖氨酸与产物尸胺对 CB/AO 体系荧光强度的影响

产物尸胺后，荧光强度显著降低。但是，加入赖氨酸后，荧光强度没有实质性的变化。以 510nm 处的荧光强度值相对竞争物的浓度作图，并进行拟合。结果发现 CB7 与赖氨酸和尸胺的结合常数分别为 $1.01 \times 10^3\,\mathrm{L/mol}$ 和 $4.94 \times 10^6\,\mathrm{L/mol}$，与之前文献所报道的 $8.70 \times 10^2\,\mathrm{L/mol}$（赖氨酸）和 $1.40 \times 10^7\,\mathrm{L/mol}$（尸胺）相接近。显然，尸胺与赖氨酸相比，与 CB7 具有更高的结合力。

　　基于上述结果，我们利用 CB7/AO 体系对 LDC 的活性进行了实时检测。首先对 LDC 和赖氨酸的浓度进行了优化（图 4.5）。LDC 和赖氨

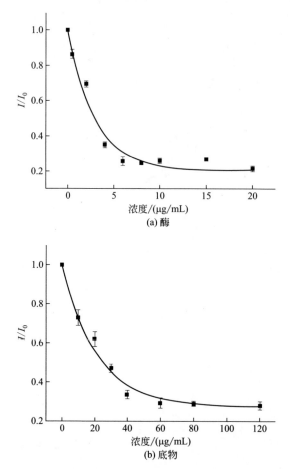

图 4.5　酶反应体系中酶及底物浓度的优化

酸的最优浓度分别确定为 $8.0\mu g/mL$ 和 $50\mu mol/L$。该结果满足了我们前面的设想，即将酶的用量减少，以便大量筛选潜在的抑制剂。且 LDC 的检测极限为 $0.25\mu g/mL$（3 倍信噪比），该值远远低于 CB/Dapoxyl 和 CX4/DBO 体系中的能够检测到的 LDC 浓度。从图 4.6 中可以看出，在含有 $5\mu mol/L$ CB7 和 $0.5\mu mol/L$ AO 的 NH_4OAc 缓冲液中加入 $8.0\mu g/mL$ LDC 和 $50\mu mol/L$ 赖氨酸后，随着时间的推移即酶反应的进行，荧光峰逐步红移至 525nm，且荧光强度逐渐下降到接近于背景值。这反映了在该时间段内在酶的作用下赖氨酸逐渐转化为尸胺，从而引起体系荧光信号的改变。

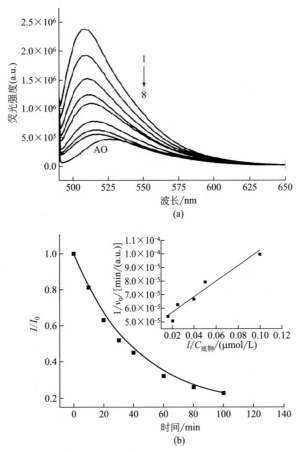

图 4.6 酶反应过程中荧光光谱变化及酶反应动力学曲线

[从 1~8 分别表示时间（min）为 0、10、20、30、40、60、80、100]

4.3.2 OPEs 对 LDC 活性的抑制效应

成功构建 LDC 活性的测定方法之后，我们考察了 12 种 OPEs 对 LDC 活性的抑制作用。首先利用 LDC 在体内的天然抑制剂 ppGpp 对该酶反应测定方法进行了验证。将抑制剂与 8.0μg/mL LDC 孵育 5h 后，然后加入 50μmol/L 赖氨酸，5μmol/L CB7 和 0.5μmol/L AO。随着 ppGpp 浓度的增加荧光强度逐渐增加，直到达到平台（图 4.7）。所测的 ppGpp 对酶活性抑制的 IC_{50} 和 K_i 值为 1.60μmol/L 和 1.55μmol/L，其中 K_i 值与文献报道值（$K_i=0.68$μmol/L）比较接近，验证了该方法的有效性。

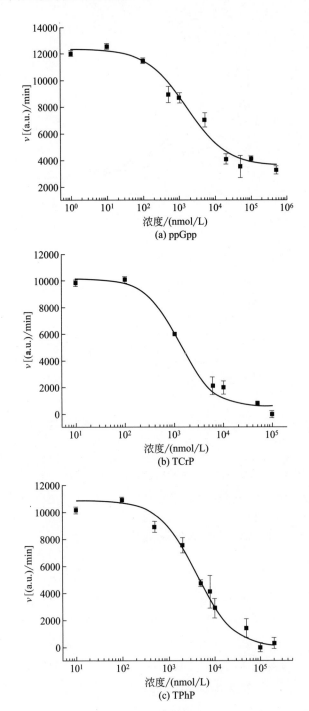

(a) ppGpp

(b) TCrP

(c) TPhP

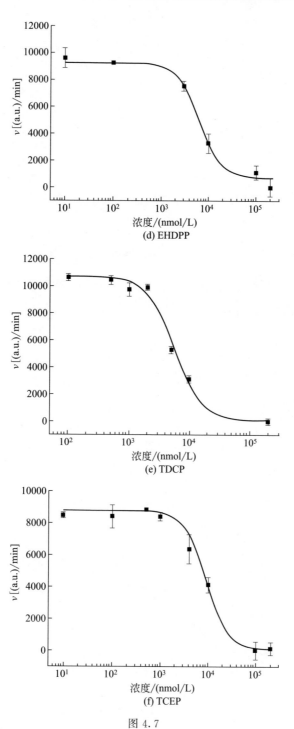

图 4.7

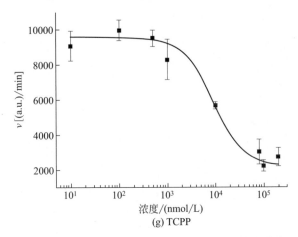

(g) TCPP

图 4.7　ppGpp 及 OPEs 对 LDC 活性的抑制效应曲线

　　验证酶反应测定方法的准确性之后，我们对 12 种不同取代基团的 OPEs 对 LDC 的抑制作用进行了测定，其中包括 6 种烷基取代（TMP、TEP、TPrP、TnBP、TBEP 和 TEHP），3 种氯代烷基取代（TCEP、TCPP 和 TDCP）和 3 种芳香取代（TPhP、TCrP 和 EHDPP）。首先单独将 OPEs 添加到 CB7/AO 体系中并没有引起任何荧光信号的改变，表明该类化学物质不会干扰体系的荧光信号。之后考察了 LDC 与 OPEs 的最佳孵育时间。如图 4.8 所示，随着孵育时间的增加荧光强度逐渐增加，超过 5h 后荧光强度达到平台。因此，我们选择 5h 作为最佳

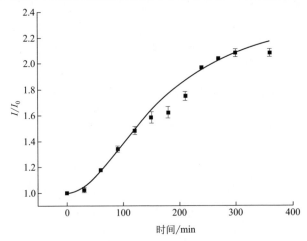

图 4.8　OPEs 与 LDC 孵育时间的优化

的孵育时间。在抑制实验中，6 种烷基取代的 OPEs 对 LDC 的活性并没有任何影响。相比之下，其他 6 种氯代烷基取代或芳香取代的 OPEs 可以观察到明显的抑制作用。TCrP 和其他 5 种 OPEs 的剂量效应曲线类似于 ppGpp（图 4.7）。IC_{50} 值和抑制常数 K_i 列于表 4.1 中。从表中可以看出抑制强弱顺序为 TCrP>TPhP>TDCP>EHDPP>TCEP≈TCPP。其中甲苯取代的 TCrP 表现出最强的抑制作用，其对 LDC 活性抑制的 K_i 为 $1.27\mu mol/L$，抑制能力强于 ppGpp。

表 4.1　ppGpp 及 OPEs 对 LDC 活性抑制的 IC_{50} 及 K_i 值

化合物名称	缩写	$IC_{50}/(\mu mol/L)$	$K_i/(\mu mol/L)$
鸟苷四磷酸	ppGpp	1.60	1.55
三甲苯基磷酸酯	TCrP	1.32	1.27
三苯基磷酸酯	TPhP	3.99	3.94
三(二氯丙基)磷酸酯	TDCP	5.65	5.60
三(2-乙基己基二苯基)磷酸酯	EHDPP	6.40	6.35
三(2-氯乙基)磷酸酯	TCEP	8.99	8.94
三氯丙基磷酸酯	TCPP	9.07	9.02
三(2-乙基)己基磷酸酯	TEHP	ND	ND
三丁氧基磷酸酯	TBEP	ND	ND
三丁基磷酸酯	$TnBP$	ND	ND
三丙基磷酸酯	TPrP	ND	ND
三乙基磷酸酯	TEP	ND	ND
三甲基磷酸酯	TMP	ND	ND

注：ND 表示未检测出。

　　关于 OPEs 对 LDC 活性的抑制作用，存在一个明显的规律，即 OPEs 的抑制强弱与取代基种类有关。这种抑制作用的差异性说明尺寸匹配效应在 LDC 与配体分子的相互作用中具有很重要的作用。这种有趣的结构-构效关系在有机磷（OP）化合物对人类单核细胞羧酸酯酶活性的抑制效应中也可以观察到。此外，抑制能力与 OPEs（氯烷基取代和芳香取代）的疏水性之间也存在着很好的相关性（$R^2=0.86$）。这表明 OPEs 和氨基酸之间的疏水相互作用，有助于位于结合口袋里的 OPEs 与 LDC 稳定化合物的形成。

4.3.3　OPEs 对细胞内 LDC 活性的影响

在分子水平上证明了 OPEs 对 LDC 活性的抑制作用之后，我们选择 PC12 细胞进一步研究了具有抑制作用的 6 种 OPEs 对胞内 LDC 活性的影响。为了获得 OPEs 的非致死剂量，我们首先应用 WST-1 方法考察了芳香取代和氯代烷基取代的 OPEs（$0 \sim 250 \mu mol/L$）对细胞活性的影响。图 4.9 为 WST-1 检测结果，从图中可以看出 TCrP、TPhP、EHDPP 和 TDCP 在 $160 \mu mol/L$ 时可以引起细胞明显的死亡，而 TCEP 和 TCPP 未观察到明显毒性。OPEs 对细胞毒性的顺序为 TDCP＞EHDPP＞TPhP＞TCrP＞TCEP≈TCPP。其中具有最强毒性的 TDCP 与 TCEP、TCPP 相比，明显的不同之处在于卤素取代基数目，而 EHDPP 相比于其他 5 种 OPEs 具有相对较大的尺寸。这些研究的结果表明，不同分子的主链和卤素取代模式似乎是决定 OPEs 细胞毒性的重要因素。随后，我们将这 6 种 OPEs［TCrP、TPhP、TDCP、TCEP、TCPP（$0 \sim 100 \mu mol/L$）、EHDPP（$0 \sim 50 \mu mol/L$）］和阴性对照组（VC）在非致死剂量下暴露 PC12 细胞 24h，并收集细胞裂解液。之所以选择非致死剂量，是保证酶活受到的影响是由 OPEs 引起，而不是细胞死亡所引起。当一定浓度的赖氨酸与适量细胞裂解液（约含有 $25 \mu g$ 蛋白质）在 37℃ 孵育 1h 后，会有尸胺产生。每微克蛋白中尸胺的生成量作为测定酶活性的标准。依据这个标准，我们测定了 PC12 细胞暴露 OPEs 后胞内 LDC 的活性。如图 4.10（a）～（c）和（g）～（i）所示，6 种 OPEs 对 LDC 活性的抑制表现出明显的浓度依赖性。其中 TCrP 的抑制效应最强，暴露 $50 \mu mol/L$（$**p < 0.01$）时即可使酶活从 $1.37 \mu mol/(L \cdot \mu g$ 蛋白质）降低至 $0.88 \mu mol/(L \cdot \mu g$ 蛋白质），归一化后发现，与阴性对照组（未暴露 OPEs）相比，降低了约 35.4%。这说明 6 种 OPEs 中 TCrP 在活细胞内对 LDC 活性的抑制效应最强，该结果与胞外荧光方法所测的抑制结果相一致。

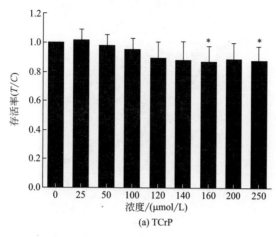

(a) TCrP

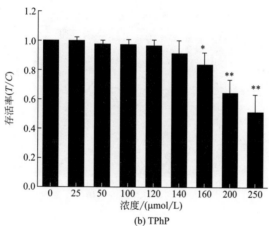

(b) TPhP

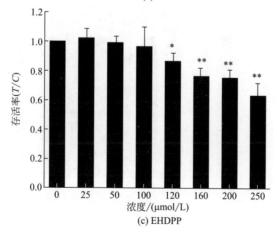

(c) EHDPP

图 4.9

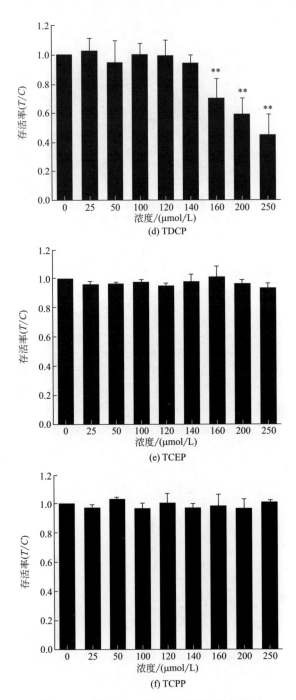

图 4.9 6 种 OPEs 对 PC12 细胞活性的影响

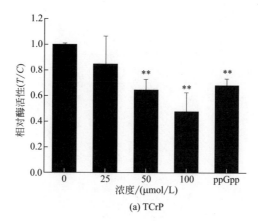

(a) TCrP

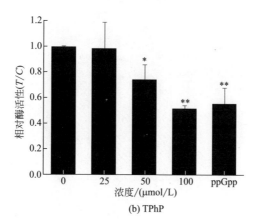

(b) TPhP

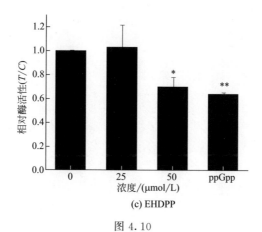

(c) EHDPP

图 4.10

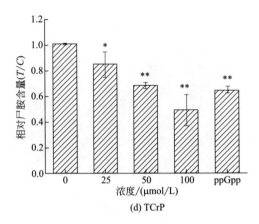

(d) TCrP

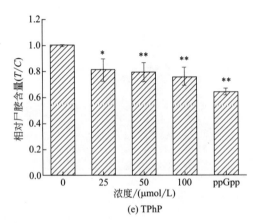

(e) TPhP

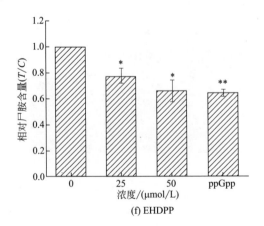

(f) EHDPP

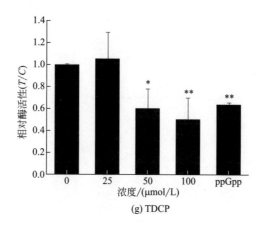

(g) TDCP

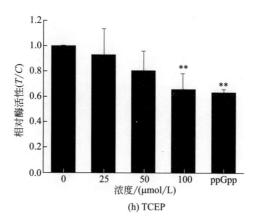

(h) TCEP

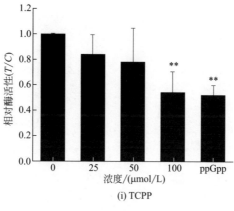

(i) TCPP

图 4.10

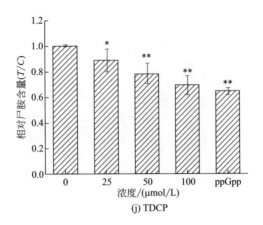

(j) TDCP

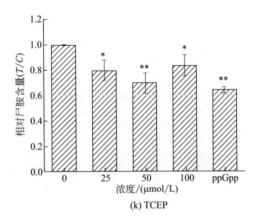

(k) TCEP

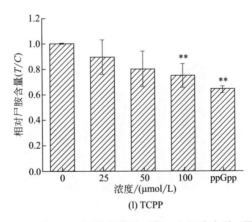

(l) TCPP

图 4.10 OPEs 对 PC12 细胞内酶活 (■) 和尸胺水平 (▨) 的变化

4.3.4　OPEs 对细胞内尸胺水平的影响

随后我们以抑制剂 ppGpp 作为阳性对照，进一步考察了细胞暴露 OPEs 后胞内尸胺含量的变化。将含有 $2500\mu g$ 总蛋白的细胞裂解液与苯甲酰氯进行衍生化反应，之后通过高效液相色谱法对尸胺含量进行了测定。与阴性对照组相比，OPEs 暴露后细胞内尸胺含量有明显的减少（*指 $p < 0.05$，**指 $p < 0.01$）[图 4.10（d）～（f）和（j）～（l）]。TCrP、TPhP、TDCP 和 TCEP 在 $50\mu mol/L$ 时即可使细胞内的尸胺含量从 $11.8ng/\mu g$ 蛋白质降低至 $8.0ng/\mu g$ 蛋白质（TCrP）、$9.3ng/\mu g$ 蛋白质（TDCP）、$9.4ng/ng$ 蛋白质（TPhP）和 $8.5ng/\mu g$ 蛋白质（TCEP）[图 4.10（d）、（e）、（j）、（k）]，降低的百分率分别为 32.2%、21.5%、20.4% 和 27.6%，从这些数据中可以看出细胞暴露 TCrP 后尸胺含量的变化最为明显，该结果再次为荧光测定结果提供一个强有力的数据支持。

上述研究结果表明，PC12 细胞暴露 OPEs 后，无论是酶活性还是尸胺生成量都有一定的降低，其中 TCrP 具有最强的抑制效应。TCrP 是苯甲基取代的具有 3 个同分异构体（即邻位-甲苯、间位-甲苯或对位-甲苯）的有机磷酸酯，被广泛用作增塑剂、塑料软化剂、阻燃剂和航空行业中的石油添加剂。前面我们也提到 TCrP 能够诱发一种被称为迟发性神经毒性（OPIDN）的慢性神经系统疾病。目前初步认为神经病变的靶标分子酯酶受到抑制和衰老是有机磷诱导该神经病变（OPDIN）的初步影响，但是关于有机磷产生神经毒性的机制尚未阐明。我们推测其他酶也可能参与到这种神经病变中，LDC 的抑制可能也是致病因素的一个原因。据我们所知，以前还没有研究关于 OPEs 对 LDC 活性的抑制作用，我们首次证明了 OPEs 在 PC12 细胞内可明显抑制 LDC 活性，并导致后续的生物学效应即尸胺含量的降低。LDC 在大多数细胞中是一个非常重要的基础酶，抑制 LDC 活性后将抑制尸胺的合成，而尸胺对于细胞的生长和发育是至关重要的。因此，我们推测在非致死剂量下，OPEs 会影响神经细胞的功能和生理状态，从而显示出潜在的神经毒性。但是我们的研究没有验证 LDC 抑制和 OPEs 神经毒性的直接关系。

4.3.5　OPEs 与 LDC 的分子对接结果

为了更好地理解 OPEs 对 LDC 的抑制效应，我们采用分子对接的方法对 12 种 OPEs 与 LDC 的结合进行模拟。第 3 章也提到 LDC 的 X 射线晶体结构表明该蛋白质是由 5 个二聚体组成的十倍体低聚物，活性位点位于相邻二倍体的一个狭窄的裂口中。首先采用抑制剂 ppGpp 与酶蛋白进行对接。将分子对接的结果与晶体结构研究的结果进行比对以判断对接方法的准确性。最优对接构象显示，ppGpp 能够很好地匹配到狭缝表面的结合口袋中。该疏水口袋由 3 部分组成：一部分与 ppGpp 的鸟嘌呤核苷产生疏水作用力，另外两部分分别与 ppGpp 的 3′-磷酸和 5′-磷酸部分相互作用。此外，ppGpp 的磷酸基与 LDC 的 Arg206 和 Gly418 残基形成 3 个氢键［书后彩图 4（a）］。该结果与 X 射线衍射所得的晶体结构相一致。

通过 ppGpp 与 LDC 的对接进行条件优化后，采用相同的参数对 12 种 OPEs 与 LDC 的结合作用方式进行对接，结果如书后彩图 4（b）～（m）所示。通过比较 12 种 OPEs 的结合位置，可以发现它们都结合在 ppGpp 的结合口袋，但具体的结合模式又稍有不同。6 种芳香取代和氯代烷基取代的 OPEs（TCEP、TCPP、TDCP、TCrP、TPhP 和 EHDPP）位于结合口袋的右上角部位。然而，对于 6 种烷基链取代的 OPEs（TMP、TEP、TPrP、TnBP、TBEP 和 TEHP），它们位于结合口袋的底部。书后彩图 5 给出了 3 种代表性的 OPEs，包括 TCrP（芳香取代）、TDCP（氯代烷基取代）和 TnBP（烷基链取代）在 LDC 结合口袋所处具体的位置，可以明显看出它们具体的结合位置是不同的。通过 Autodock 计算，OPEs 与 LDC 之间的结合能位于 $-7.77 \sim -2.98$ kcal·L/mol（1kcal≈4.185kJ）之间（表 4.2），这些 OPEs 分别通过磷酸氧基团与 LDC 侧链的氨基酸残基如 Tyr203、Lys417、Arg558、Arg97、Asn76、Lys422 或 Arg97 形成氢键如书后彩图 4（b）～（m）所示。

通过分子对接结果，6 种芳香和氯代烷基取代的 OPEs 不但位于结合口袋的右上角部位，而且进入二倍体 C 的内侧与 α4、α8、α15 和 α16 螺旋形成的疏水口袋产生疏水作用力，其中的一个疏水基团并延伸到

α4 和 α16 螺旋形成的空格里 [书后彩图 4 (b)～(g)]。此外，OPEs 的磷酸氧与 LDC 侧链的 Tyr203 或 Lys417 氨基酸残基形成一个氢键。然而，对于 6 种烷基链取代的 OPEs（对 LDC 没有抑制作用）却是一个完全不同的结合模式，它们都位于 ppGpp 结合口袋的底部且并未进入 α4、α8、α15 和 α16 螺旋形成的疏水口袋的内侧 [书后彩图 4 (h)～(m)]。这 6 种 OPEs 分别与 LDC 侧链的 Arg558、Arg97 或 Asn76、Lys422 或 Arg97 形成氢键。因此我们推测两组 OPEs 间完全不同的结合模式是导致烷基链取代 OPEs 没有抑制效应的主要原因。

而对于具有抑制效应的 6 种 OPEs，我们比较了它们与 LDC 的结合能力以及对 LDC 的抑制能力。可以发现它们结合能的顺序为 TCrP＞TPhP＞EHDPP＞TDCP＞TCEP≈TCPP，其中 TCrP 与 LDC 的结合能最强（见表 4.2）。通过荧光实验测得的抑制强弱顺序为 TCrP＞TPhP＞TDCP＞EHDPP＞TCEP≈TCPP，TCrP 也具有最强的抑制效应。可以发现由 Autodock 计算的结合能与荧光实验所测得的抑制作用存在良好的相关性，其中 EHDPP 除外。良好的相关性说明，如果 OPEs 与 LDC 以一个正确的模式相结合，那么它们的抑制强度由结合力所决定。但是对于 EHDPP，从表 4.2 中也可以看出，EHDPP 形成的氢键是 LDC 侧链的 Lys417，而其他 5 个 OPEs 形成的氢键是 Tyr203，这可能是导致 EHDPP 异常的一个主要原因。

表 4.2　OPEs 与 LDC 的结合能以及作用生成的氢键残基

名称	结合能/(kcal · L/mol)	氢键残基
ppGpp	−7.77	Arg206,Gly418
TCrP	−7.34	Tyr203
TPhP	−6.54	Tyr203
TDCP	−3.80	Tyr203
EHDPP	−4.41	Lys417
TCEP	−3.28	Tyr203
TCPP	−3.47	Tyr203
TEHP	−2.56	Arg97
TBEP	−1.84	Asn76,Lys422

续表

名称	结合能/(kcal・L/mol)	氢键残基
TnBP	−3.38	Arg558,Arg97
TPrP	−3.30	Arg558,Arg97
TEP	−3.02	Arg558,Arg97
TMP	−2.98	Arg558,Arg97

4.4 实验总结

本章利用免标记的荧光竞争法，细胞实验和分子对接研究了 12 种 OPEs 对 LDC 的抑制作用。荧光实验证实 6 种 OPEs 包括 3 种氯代烷基取代（TDCP、TCEP 和 TCPP）和 3 种芳香基取代（TPhP、TCrP 和 EHDPP）对 LDC 表现出明显的抑制效应。之后在细胞水平上进一步证实这 6 种 OPEs 可明显引起细胞内 LDC 活性的降低，并导致活细胞内尸胺含量的降低。分子对接结果显示，抑制效应关键取决于 OPEs 与 LDC 在活性部位的结合模式。本章研究表明，LDC 可能是 OPEs 在生物体内产生毒性的一个潜在的生物靶标分子，且 OPEs 对 LDC 的抑制可能与 OPEs 神经毒性的致病机制相关。

第5章

有机汞对精氨酸脱羧酶的毒性作用

5.1 实验背景及简介

汞（Mercury，Hg）是一种高毒性的重金属元素，汞的毒性取决于化学结构。Hg 及其相关产品已广泛应用于冶金、化工、轻工、电子、医药、医疗器械等多种行业。2013 年 1 月 19 日，联合国环境规划署通过了旨在全球范围内控制和减少 Hg 排放的国际公约——《水俣公约》，就具体限排范围做出详细规定，以减少 Hg 对环境和人类健康造成的损害。在环境中，Hg 主要以汞元素（金属汞）、无机汞（汞盐）和有机汞 3 种形态存在。拥有短脂肪链的有机汞毒性最强，可以说人类历史报道最严重的甲基汞（MeHg）中毒事件是于日本爆发的水俣病事件和伊拉克的高剂量 MeHg 中毒事件。现如今人类甲基汞暴露几乎完全为一甲基汞，主要来源于鱼类和海洋哺乳动物的。由于 MeHg 具有持久性、生物累积性和生物放大性的特点，它们对人类健康的影响值得我们长期关注。

关于 MeHg 的毒性，近年来已报道的毒性主要有神经毒性、遗传毒性、生殖发育毒性。由于 MeHg 易于穿透血脑屏障和胎盘屏障进入成人和胎儿的大脑，因此神经发育毒性是它最主要的毒性。对于 MeHg 在机体内对神经发育的影响目前已有大量的研究数据，认为发育中的神经系统是 MeHg 暴露的敏感靶标。可以说汞化合物对巯基的高度亲和力是它们的神经毒性机制基础。目前所报道的 MeHg 神经毒性所涉及的机制包括：抑制 β-微管蛋白的表达从而干扰神经元内部的结构和生化的动态平衡；破坏线粒体 ATP 酶活性；使大脑皮层和小脑神经元内游离钙浓度呈剂量-效应性显著升高；影响脑中胆碱的摄取，进而使乙酰胆碱（ACh）的含量降低；使核酸、蛋白质等生物大分子的局部发生自由基反应，破坏它们的结构；诱发血清、心脏、肾脏、肝脏、脑等组织中脂质过氧化水平的升高，导致细胞膜脂、膜蛋白的损伤以及在蛋白质和 mRNA 水平干扰琉球蛋白在脑中的表达等。综上所述，有关 MeHg 神经毒性的机制目前仍没有定论，为了阐明环境中 MeHg 相关剂量对神经发育的潜在影响，在分子和细胞水平上研究 MeHg 的神经毒性具有很重要的意义。

Li 等[282] 首次在大鼠和牛的大脑中发现胍丁胺和精氨酸脱羧酶（Arginine decarboxylase，ADC），后来逐渐有研究证明它们也存在于其他组织和细胞中。而且也有研究证明胍丁胺合成并储存于神经元细胞中并具有神经调质的生理功能。如胍丁胺可以与咪唑啉、α2-肾上腺素和 DMDA 受体相结合，且胍丁胺还是咪唑啉受体的内源性配体。此外，胍丁胺还可以调节去甲肾上腺素、抗利尿激素和电压门控性钙通道中谷氨酸盐的释放。胍丁胺的药理功能包括在各种疼痛模型中增强吗啡的镇痛和抗疼痛效果、消炎作用、预防缺血性神经损伤、抗癫痫作用并有助于对吗啡的脱瘾。鉴于以上胍丁胺在生物体内很重要的生理功能，可见 ADC 在神经细胞中发挥着至关重要的作用。因此对 ADC 活性以及基因蛋白表达的影响可能也是 MeHg 神经毒性的一种可能机制。

本章实验中，我们利用自己开发的荧光免标记方法考察了 3 种有机汞（包括 MeHg、EtHg 和 PhHg）在分子水平和细胞水平对 ADC 活性的影响。结合荧光传感方法所测的数据、体外细胞实验，对 ADC 作为为细胞内 MeHg 生物靶标分子的可能性进行了详细的调查和评估。

5.2 实验

5.2.1 试剂与仪器

精氨酸、胍丁胺、吖啶橙（AO）、葫芦 [7] 脲（CB7）购自 Sigma-Aldrich 公司（St. Louis，MO，USA）。精氨酸脱羧酶（ADC）购自武

汉华美生物工程有限公司（Wuhan，China）。精氨酸脱羧酶抗体购自 Abnova(Taiwan，China)。称取适量甲基汞（MeHg）、乙基汞（EtHg）和苯基汞（PhHg）（MMC，98%，Merck-Schuchardt）溶于甲醇制得标准储备液，密封于棕色容量瓶，4℃冰箱保存，相应的标准工作溶液由储备液以去离子水稀释而获得。Trizol 试剂购自 Invitrogen(Carlsbad，CA，USA)。邻苯二甲醛（OPA）购自 TCI(Tokyo，Japan)。二氟甲基精氨酸（DFMA）购自百灵威科技有限公司（Beijing，China）。BCA 蛋白定量试剂盒来自康为生物技术公司（Beijing，China）。Revert Aid First Strand cDNA Systhesis Kit 反转录试剂盒购自 Thermo 公司。色谱级乙腈和甲醇购自 J. T. Baker(Phillipsburg，NJ，USA)。十二烷基硫酸钠（SDS）、甘油和 2-巯基乙醇（ME）从 Amresco 获得（Ohio，USA）。NH_4OAc、Tris-HCl 和 K_2CO_3 都来自国药控股北京化学试剂有限公司（Beijing，China）。其余化学试剂均为分析纯，所有溶液均由去离子水配制。

荧光分光光度计（Horiba Fluoromax-4，Edison，NJ，USA）用于荧光强度的测定；全波长多功能酶标仪（Thermo，Varioskan FLASH）用于 BCA 法测定重组蛋白浓度以及细胞活性；NanoDrop UV-Vis spectrophotomerter 用于测定 RNA 浓度；RT-PCR 用于将 RNA 反转录为 cDNA；Lightcycler 480(Roche，Germany) 用于荧光定量 PCR。

5.2.2　荧光法对酶活性与抑制效应的测定

本实验中，我们选择的超分子主体和荧光染料分子仍为 CB7 和 AO。随着酶促反应的进行，胍丁胺会与荧光染料 AO 竞争结合 CB7 空腔，从而导致体系荧光信号的降低。如果 ADC 活性受到抑制，荧光强度会保持不变。CB7/AO 的最优浓度仍为 5(μmol/L)/2.5(μmol/L)，并同样利用连续滴定法测定了产物胍丁胺和底物精氨酸对体系荧光的影响。对于酶活性测定实验，向 500μL HCl-NH_4OAc 缓冲液中加入 400μg/mL 精氨酸脱羧酶（ADC）、400μmol/L 精氨酸、2.5μmol/L AO 探针和 5.0μmol/L 葫芦 [7] 脲后，37℃反应 1.5h，检测该混合液在 485nm 激发时的荧光发射光谱。而对于酶活性抑制实验，将不同浓度的抑制剂与含有 400μg/mL ADC、2.5μmol/L AO 探针和 5μmol/L CB7 的混合液于 37℃孵育 15min，之后加入 400μg/mL 精氨酸进行酶反应。对酶反应前后单位时间内 CB7/Dapoxyl 荧光强度的改变随抑制剂浓度的变化作图，可以得出抑制剂对 ADC 的抑制效应曲线，计算出 3 种有机汞对 ADC 活性的半抑制浓度（IC_{50}）。

5.2.3　细胞培养及活性测定

嗜铬细胞瘤 PC12 细胞系来源于褐家鼠鼠肾上腺髓质，是一种常用的神经细胞株，从 ATCC(Manassas，VA，USA）获得。PC12 细胞培养于 DMEM 高糖培养基中，含 6％胎牛血清、6％马血清、100U/mL 青霉素及 100μg/mL 链霉素，细胞生长环境为 37℃、5％ CO_2。PC12 细胞在用神经生长因子（NGF）处理时一般需要刺激 72h，每隔 24h 换一次新鲜培养基。饥饿状态的 PC12 培养于含 0.5％胎牛血清、0.5％马血清、100U/mL 青霉素及 100μg/mL 链霉素的 DMEM 高糖培养基中。

应用 WST-1 试验来评价 OPEs 对 PC12 细胞的毒性。首先将 PC12 细胞按 1×10^4 细胞/孔接种在 96 孔板中，培养 12h 后，暴露系列浓度的有机汞并培养 24h。然后向每孔中加入 WST-1(1：10 稀释) 溶液，孵育 4h 后，应用酶标仪分别测定 440nm 和 600nm 处的吸光度值。每个浓度重复 3 次试验。

5.2.4　PC12 细胞内 ADC 基因表达的测定

基因表达分析采用 Real-time Quantitative PCR Detecting System (Q-PCR) 法。首先是引物的设计，根据网上（http：//www.ncbi.nlm.nih.gov/）发表的基因序列，以 Beta-actin mRNA 作为内参，根据 GenBank 中大鼠的基因登陆序列用 Primer Premier 5.0 软件设计引物（表 5.1）。引物由上海生工生物工程技术服务有限公司合成。PC12 细胞中总 RNA 的提取，按照 Trizol 实际说明书进行操作。RNA 反转录

表 5.1　实时荧光定量 PCR 所用的引物

引物名称	序列	碱基数
ADC-F	5′-ATGGCTGGCTACCTGAGTGAA-3′	21
ADC-R	5′-GACCAACTCCATCTCTGCCTTGT-3′	23
beta-actin-F	5′-GCTCGTCGTCGACAACGGCTC-3′	21
beta-actin-R	5′-CAAACATGATCTGGGTCATCTTCTC-3′	25
ADC-L	5′-TGGGTGCTGTAGTGAGGAAG-3′	20
ADC-R-1	5′AACTCCATCTCTGCCTTGCT-3′	20
beta-actin-L	5′-TTGCCCTAGACTTCGAGCAA-3′	20
beta-actin-R-1	5′-CAGGAAGGAAGGCTGGAAGA-3′	20

为 cDNA 按照 Revert AidTM First Strand cDNA Systhesis Kit 反转录试剂盒给出的说明书操作。cDNA 采用 Promega 公司的 Gotaq^x qPCR Master Mix Systerm 试剂盒（含 SYBR Green I 荧光染料），并使用罗氏公司的实时荧光定量 PCR 仪进行扩增。为了保证反应条件一致，将各 PCR 体系所需的共同组分组成混合液后再均分到每个管中，之后再加入差异组分如模板、引物等。荧光定量 PCR 的程序设置为：95℃预变性 2min。进行如下循环：95℃ 15s，60℃ 60s，40 个循环，最后程序升温至 95℃测定溶解曲线。

5.2.5　PC12 细胞内 ADC 蛋白表达的测定

应用 Western blot(WB) 检测 PC12 细胞暴露有机汞后 ADC 蛋白水平的表达情况。PC12 细胞接种于 60mm×60mm 皿中培养 12h，NGF(50ng/mL) 刺激 72h 后分别暴露 MgHg(0～1μmol/L)、EtHg(0～1μmol/L)、PhHg(0～1μmol/L) 及阴性对照组（VC），然后将培养皿中的细胞用 PBS 洗涤 2 次后，加入含有 4% SDS、20%甘油、2% 2-巯基乙醇的 RIPA 裂解液进行裂解，离心后分离收集上清液，并利用 BCA 蛋白定量试剂盒进行定量，之后进行 WB 检测。检测条件如下：一抗为 Rabbit anti-rat，二抗为 Anti-rabbit IgG，HRP-linked Antibody。

5.2.6 PC12 细胞内 ADC 活性及胍丁胺水平的测定

为了进一步验证 MeHg 在活细胞内对 ADC 活性的抑制效应，我们应用配有荧光检测器的 HPLC 测定了有机汞暴露 PC12(NGF 刺激) 细胞后胞内 ADC 活性和胍丁胺的变化情况。该方法的原理即利用酶反应产物胍丁胺与邻苯二甲醛反应生成可以发荧光的物质。将暴露甲基机汞后的细胞加入含有 4% SDS、20% 甘油、2% 2-巯基乙醇的 RIPA 裂解液进行裂解，离心后分离收集上清液，并利用 BCA 蛋白定量试剂盒进行定量。之后取适量细胞裂解液与底物于磷酸缓冲液中 37℃ 孵育 1h，之后加入 250μL OPA-ME 衍生化试剂在室温反应 2min 后，快速注入带有荧光检测器的 HPLC 进行测定。

对于细胞内胍丁胺含量的测定，我们将上述裂解液离心后收集上清液，该上清液用乙醚洗五次之后用氮气将乙醚吹干，收集水相。取 250μL 水溶液与 250μL OPA-ME 衍生化试剂在室温反应 2min 后快速注入带有荧光检测器的 HPLC 进行测定。荧光检测波长为 349nm。OPA-ME 衍生化试剂的配制：将 50mg OPA 溶于 1mL 甲醇中，然后加入 53μL ME 和 9mL 0.2mol/L 的硼酸钾缓冲液 （pH＝9.4）。

5.3 实验结果与讨论

5.3.1 免标记的荧光法对酶活性的测定

上一章中我们采用 CB7/AO 荧光信号传导单元对赖氨酸脱羧酶（LDC）的活性和抑制效应进行了测定。本章我们仍然尝试采用这个体系来测定 ADC 的活性，看是否能成功实现对酶活性的检测。基于上述思路，我们首先需要考虑 ADC 的底物和产物在竞争取代 AO 时是否表现出不同的竞争能力，即在 CB7/AO 体系中加入底物和产物后荧光强度是否有明显的不同。为比较它们与 CB7 的结合能力，我们将底物精氨酸和产物胍丁胺分别滴加到含有 5μmol/L CB7 和 0.5μmol/L AO 的 NH$_4$OAc 缓冲液中。如图 5.1 所示，在体系中加入胍丁胺后，荧光强度明显降低。

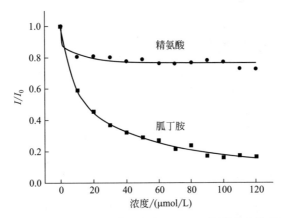

图 5.1　底物精氨酸与产物胍丁胺对 CB7/AO 体系荧光强度的影响

但是，加入精氨酸后，荧光强度几乎没有实质性的变化。以 510nm 处的荧光强度值相对竞争物的浓度作图，并进行拟合。结果发现 CB7 与精氨酸和胍丁胺的结合常数分别为 6.03×10^2 L/mol 和 8.94×10^5 L/mol，与之前文献所报道的 3.10×10^2 L/mol（精氨酸）和 1.10×10^6 L/mol（胍丁胺）相接近。显然，和胍丁胺与精氨酸相比，CB7 具有更高的结合力。基于上述结果，我们利用 CB7/AO 体系对 ADC 的活性进行了检测。图 5.2 给出了 ADC 和精氨酸的浓度优化结果，ADC 和精氨酸的最佳浓度分别确定为 $400\mu g/mL$ 和 $300\mu mol/L$。从图 5.2（a）可以看出，随着酶浓度的增加，荧光强度逐渐下降到接近于背景值。这说明了在酶的作用下精氨酸逐渐转化为胍丁胺，从而引起体系的荧光信号的改变。

5.3.2　有机汞对 ADC 活性的抑制效应

成功实现对 ADC 活性的检测之后，我们利用上述方法对 3 种有机汞（MeHg、EtHg 和 PhHg）对 ADC 的抑制作用进行了测定。大多数重金属类物质都会猝灭体系的荧光，因此我们也考察了这 3 种汞对 CB7/AO 体系荧光强度的影响。结果发现单独将有机汞添加到体系中并没有引起任何荧光信号的改变，表明该体系并不受有机汞类化学物质的干扰。之后我们研究了 ADC 与有机汞的最佳作用时间，发现 MeHg 在很短时间内即可完全抑制 ADC 的活性，因此在抑制实验中我们选择

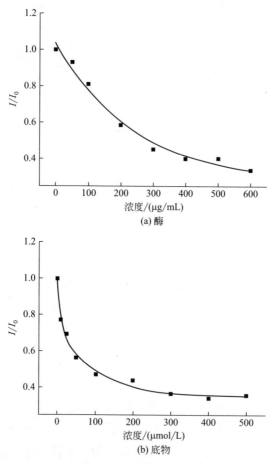

图 5.2 酶反应体系中酶及底物浓度的优化

15min 为最佳孵育时间。由图 5.3 可以看出，3 种有机汞中只有甲基汞对 ADC 的活性有抑制作用，其对 ADC 活性抑制的 IC_{50} 为 8.64nmol/L，抑制能力达到 nmol/L 级，表明甲基汞具有很强的抑制作用。

5.3.3 有机汞对 PC12 细胞活性的影响

我们选择 PC12 细胞进一步研究了 3 种有机汞对胞内 ADC 活性、基因蛋白表达水平以及后续的生物效应的影响。为了获得有机汞的非致死剂量，我们首先应用 WST-1 方法考察了 MeHg、EtHg 和 PhHg（0～50μmol/L）对细胞活性的影响。图 5.4 为 WST-1 检测结果，从图

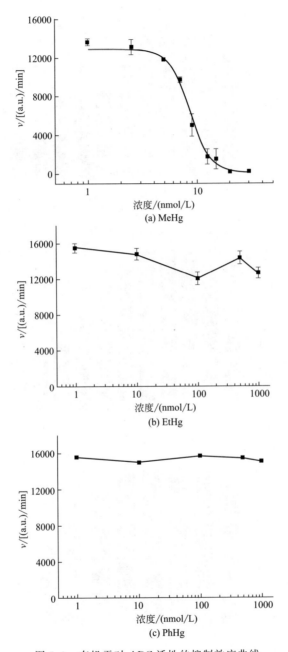

图 5.3　有机汞对 ADC 活性的抑制效应曲线

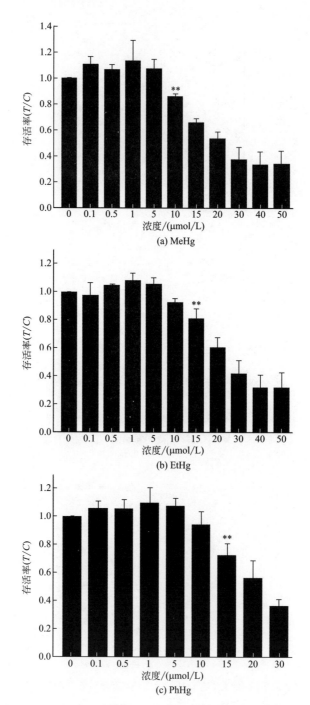

(a) MeHg

(b) EtHg

(c) PhHg

图 5.4　有机汞对 PC12 细胞活性的影响

中可以看出 MeHg 和 EtHg 在 10μmol/L 时可以引起细胞明显死亡，PhHg 在 15μmol/L 时可引起细胞明显死亡。有机汞的细胞毒性强弱顺序为 MeHg＞EtHg＞PhHg。流行病学调查和实验研究也证实，MeHg 中毒是以神经系统为主的全身性损伤，它的毒性主要表现为对神经系统功能产生不良影响，其中发育中的神经元对 MeHg 更为敏感。本实验中具有最强毒性的为 MeHg，说明 MeHg 对发育中的多巴胺神经元可能有剧烈的毒性作用。

5.3.4　有机汞对 PC12 内 ADC 活性的影响

随后，我们考察了这 3 种有机汞（MeHg、EtHg 和 PhHg）（0～50μmol/L）和阴性对照组（VC）在非致死剂量对 PC12 细胞内 ADC 活性、基因和蛋白表达和胍丁胺水平的影响，之所以选择非致死剂量是保证酶活受到的影响是由有机汞引起，而不是细胞死亡所引起。在暴露实验之前，我们首先需要将 PC12 细胞利用神经生长因子（NGF）进行刺激。NGF 可以诱导 PC12 细胞向神经细胞表型分化，为神经退行性疾病的研究提供很好的神经细胞模型。因此，根据文献报道[283]，我们选择 50ng/mL 的 NGF 对 PC12 细胞进行刺激，每隔一天换一次新鲜培养基，共刺激 72h。从书后彩图 6 可以看出，NGF 刺激 72h 后，PC12 细胞出现神经样细胞的分化表型，并长出了轴突，这说明 NGF 可以诱导 PC12 细胞向神经细胞表型分化。

我们以 NGF 刺激后的 PC12 细胞为模型，分别暴露 MeHg（0～5μmol/L）、EtHg（0～5μmol/L）、PhHg（0～1μmol/L）以及阴性对照组（VC）24h 后对细胞进行裂解。在酶活测定中，加入含有 30μg 蛋白质的细胞裂解液与精氨酸在 37℃下混合 1.5h，ADC 活性通过测量产生的胍丁胺量来确定。如图 5.5 所示，3 种有机汞化合物均以浓度依赖性方式抑制 ADC 活性。其中，暴露 5μmol/L MeHg 后 ADC 活性显著下降，相对于对照组减少 72% [图 5.5（a）]。相比之下，EtHg 和 PhHg 的活性相对于对照组分别降低了 42% 和 35%（$**p<0.01$）[图 5.5（b）、（c）]。抑制强度遵循以下顺序：MeHg＞EtHg＞PhHg。该结果进一步验证了从荧光测定中获得的结果。

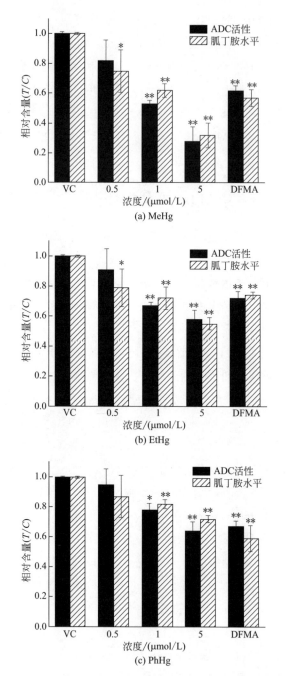

图 5.5 有机汞对 PC12 细胞内 ADC 活性和胍丁胺水平的影响

之后对暴露有机汞的细胞进行总 RNA 的提取和反转录。利用反转录得到的 cDNA 作为模板，以及设计好的 ADC 引物，进行 real-time PCR 实验，对细胞内 ADC 基因的 mRNA 水平进行了相对定量分析。在实验体系中我们又设计了管家基因 β-actin 的引物作为内参。从图 5.6 可以看出，暴露有机汞后的 PC12 细胞与未暴露的 PC12 细胞相比，发现有机汞暴露均能明显上调 ADC 的 mRNA 水平。在证实 3 种有机汞能明显上调 PC12 细胞内 ADC 的 mRNA 水平之后，我们继续采用同浓度的有机汞分别暴露 PC12（NGF 刺激）细胞后并收获细胞，用细胞

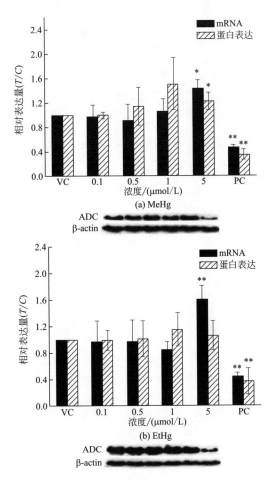

图 5.6

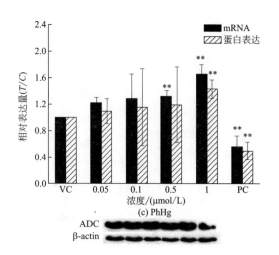

图 5.6　有机汞对 PC12 细胞内 ADC mRNA 和蛋白表达水平的影响

（图中黑色条带表示蛋白表达量的多少，灰度值越大表示蛋白

表达越多，ADC 为目标蛋白，β-actin 为内参蛋白）

裂解液将细胞裂解，提取全蛋白进行 Western blot 检测。结果显示，有机汞能够上调 PC12 细胞内 ADC 的蛋白水平（图 5.6），其中目标蛋白 ADC 的分子量为 50kDa。通过上述结果，我们可以确定 ADC 活性受到的影响是与相应的 mRNA 及蛋白表达无关。

5.4　实验总结

本章利用免标记的荧光竞争法以及细胞实验研究了 3 种有机汞对 ADC 的抑制作用。荧光实验证实 3 种有机汞（MeHg、EtHg 和 PhHg）中只有甲基汞对 ADC 表现出明显的抑制效应。之后在细胞水平上进一步证实这 3 种有机汞可在细胞内不同程度地抑制 ADC 活性，并在 mRNA 水平和蛋白水平明显诱导 ADC 上调表达。

第6章

多环芳烃对二胺氧化酶的毒性作用

6.1 实验背景及简介

随着煤、石油在工业生产、交通运输和生活等领域的广泛应用，多环芳烃（PAHs）已成为世界各国共同关注的有机污染物。1979年美国环保局（EPA）公布了129种优先监测污染物，其中有16种为PAHs。且随着空气污染日趋严重，PAHs作为大气细颗粒物$PM_{2.5}$主要组成成分，在环境中的累积已越来越多，严重威胁着人类的健康，因此了解多环芳烃的致毒机制并发现其新的生物靶点对人体健康危害的评估至关重要。毒理学研究证明多环芳烃暴露可引起很多种潜在的生物毒性，如致癌性、致畸性、基因毒性和免疫毒性。其中致癌性作为PAHs的主要毒性，关于它的致癌机理一直是国内外研究的热点。在先前的研究中表明PAHs对DNA的损伤是导致PAHs致癌的主要原因，机制包括中间活性代谢产物与DNA共价结合形成加合物，以及其在体内生物转化形成大量活性氧，进而造成氧化性DNA损伤。但由于PAHs类化学物质结构的多样性和复杂性，这些研究结果对于PAHs致毒机制的解释远远不够。因此，研究生物体内是否还有其他的生物大分子为PAHs毒性作用新靶点，具有十分重要的理论价值和实际意义。

多胺是广泛分布于生物体内的低分子脂肪族含氮化合物，主要包括腐胺、精胺和组胺等，其含量和细胞增殖及组织发育密切相关。但是细胞内多胺代谢功能的异常可导致多种疾病的产生，如炎症和癌症。多胺引发癌症的机制之一可能是多胺影响了细胞生长增殖，从而影响细胞凋亡和肿瘤入侵与转移相关基因的表达，但其精确的分子机制仍有待进一步研究阐明。总之，多胺平衡的失调均能诱导癌症的发生。而多胺分解代谢调节主要通过该途径的关键酶多胺氧化酶来实现，其在维持动物体内的多胺平衡起到了重要的作用，对于细胞来说是不可或缺的。二胺氧化酶（DAO）作为多胺氧化酶中的一种，广泛存在于动物组织（肠黏膜、肺、肝脏、肾脏等）中，主要负责腐胺和组胺等的代谢，在肠黏膜中还能分解由氨基酸脱羧所生成的胺，起解毒作用。鉴于 DAO 重要的生物功能，外源性化学物质对 DAO 活性的影响很值得研究。

本章实验中，我们利用高效液相色谱法考察了 7 种 PAHs（萘、菲、蒽、芘、苯并芘、苯并蒽和二苯并蒽）在分子水平和细胞水平对 DAO 活性的影响。结合高效液相色谱所测的数据、体外细胞实验，对 DAO 作为为细胞内 PAHs 生物靶标分子的可能性进行了详细的调查和评估。

6.2 实验

6.2.1 试剂与仪器

腐胺、苯甲酰氯、萘（NaP）、菲（PhA）、蒽（AnT）、芘（Pyr）、苯并蒽（BaA）、苯并芘（BaP）和二苯并蒽（DbA）购自 Sigma-Aldrich 公司（St. Louis，MO，USA）。二胺氧化酶（Diamine oxidase，DAO）购自百灵威科技有限公司（Beijing，China）。称取适量 PAHs 溶于 DMSO 制得标准储备液，密封于棕色容量瓶，4℃冰箱保存，相应的标准工作溶液由储备液以去离子水稀释而获得。Trizol 试剂购自 Invitrogen(Carlsbad，CA，USA)。BCA 蛋白定量试剂盒来自康为生物技术公司（Beijing，China）。色谱级乙腈和甲醇购自 J. T. Baker（Phillipsburg，NJ，USA）。高效 RIPA 裂解液从北京索莱宝有限公司购得。其余化学试剂均为分析纯，所有溶液均由去离子水配制。

高效液相色谱仪（HPLC，1260，Agilent，NC）用于腐胺含量的测定；全波长多功能酶标仪（Thermo，Varioskan FLASH）用于 BCA 法测定重组蛋白浓度以及细胞活性。

6.2.2 高效液相色谱法对酶活性与抑制效应的测定

本实验中，以苯甲酰氯为衍生化试剂，通过对底物腐胺进行衍生化来实现酶活性测定。体系中加入底物和酶后，随着酶促反应的进行底物逐渐减少，相对应的色谱峰强度及峰面积也逐渐减小，以每微克酶反应后腐胺的减少量作为测定酶活的标准。以此为基础，考察 PAHs 对酶的抑制作用。如果 DAO 活性受到抑制，酶促反应速度减小，相对应的色谱峰强度及峰面积的减小速度也会变慢。其中腐胺的色谱测定方法为：取 1.0mL 腐胺标液，加入 1.0mmol/L 内标（DAH）20μL，混匀，加入 2.0mol/L 氢氧化钠溶液 0.5mL，苯甲酰氯 10μL，旋涡振荡 30s，40℃水浴 20min 后，加入 2.0mL 饱和氯化钠溶液中止反应，以乙醚振荡提取（2mL×3），合并乙醚液，空气吹干，残余物以 1.0mL 甲醇溶解，经微孔滤膜（0.45μm）过滤后供高效液相色谱法 HPLC 分析。色谱条件：Eclipse Plus C18 色谱柱（50mm×3mm；水/乙腈＝20/80；0.1mL/min，25℃），紫外检测波长 254nm。

6.2.3 细胞培养及活性测定

A549 细胞是腺癌人类肺泡基底上皮细胞，可以通过肺泡扩散传播一些物质，是一种常用的细胞模型，该细胞从 ATCC（Manassas，VA，USA）获得。A549 细胞培养于 PRMI 1640 培养基中，含 10％胎牛血清、100U/mL 青霉素及 100μg/mL 链霉素，细胞生长环境为 37℃、5％ CO_2。

应用 WST-1 试验来评价 PAHs 对 A549 细胞的毒性。首先将 A549 细胞按 1×10^4 细胞/孔接种在 96 孔板中，培养 12h 后，暴露系列浓度的 PAHs 并培养 24h。然后向每孔中加入 WST-1(1：10 稀释）溶液，孵育 4h 后，应用酶标仪分别测定 440nm 和 600nm 处的吸光度值。每个浓度重复 3 次试验。

6.2.4 分子对接

DAO 晶体结构由蛋白数据库（Protein Data Bank）获得，PDB 序

列号为 3HIG。7 种 PAHs 的 3D 结构由 http：//pubchem. ncbi. nlm. nih. gov 网站获得，并有 PRODRG2 服务器生成小分子配体的 pdb 文件。所有的小分子配体与 DAO 的结合分子模拟计算由 AutoDock 4.2 软件提供的拉马克遗传计算法（Lamarckian genetic algorithm）完成。格子的中心被设置在 DAO 结合口袋的中心处，并且围绕该中心建立起 $60 \times 60 \times 60$ 格点大小的栅格。每一个格点之间的距离设置为 $0.375 \times 10^{-10} m$。重要的拉马克遗传算法对接参数设置如下：种群规模为 150，最大数量为 250 万，最大为 2700 代，基因突变为 0.02，交叉率为 0.8。GA 运行的数量设置为 10，即每一次对接运算产生 10 个对接后的构象。计算生成的 10 个对接构象按照自由能消耗的函数（ΔG^{*}）进行打分，该函数涉及伦纳德-琼斯和库仑静电引力作用，方向性氢键作用，配体构象自由度引起的熵损失及去溶剂化作用。对接构象按照打分值进行排列，并对排在第一位的对接构象进行具体的分析。

6.2.5　数据统计分析

本章中所有的实验都独立重复 3 遍，数据以平均值±标准偏差（$n=3$）表示。使用双尾 T 检验法测定数据之间的显著性关系（p 值）。当 p 值小于 0.05 时认为数据之间有差异性，当 p 值小于 0.01 时就认为数据之间有显著差异性。

6.3　实验结果与讨论

6.3.1　高效液相色谱法对 DAO 活性的检测

本实验拟以苯甲酰氯为衍生化试剂，对底物腐胺进行衍生化，通过底物腐胺的减少量来研究 DAO 的活性以及 PAHs 对其活性的毒性影响。在检测 PAHs 对 DAO 活性影响之前，首先需要在所确定色谱条件下选择最优的腐胺和 DAO 浓度。从图 6.1 中可以看出，随着酶反应的进行，色谱峰面积随着苯甲酰氯和腐胺生成衍生物浓度的减少而减小。由图 6.1（a）可见，在底物存在下，随着 DAO 加入量的增大，底物逐渐减少，色谱峰面积逐渐减弱。说明随着酶促反应的进行，底物逐渐转化为产物，相对应的衍生物量也逐渐降低。图 6.1 说明色谱法可以实现对 DAO 活性的检测，DAO 和底物腐胺浓度在后续实验中确定为 $10\mu g/mL$ 和 $80\mu mol/L$。

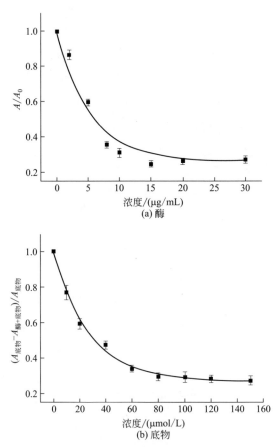

图 6.1　酶反应体系中酶及底物浓度的优化

6.3.2　PAHs 对 DAO 活性的抑制效应

之后我们应用上述优化体系研究了 7 种 PAHs 对 DAO 活性的抑制作用。其中，PAHs 对 DAO 活性的抑制效应曲线如图 6.2 所示。根据抑制效应曲线，计算出了 7 种 PAHs 对 DAO 活性抑制的抑制常数 K_i 值，结果见表 6.1。

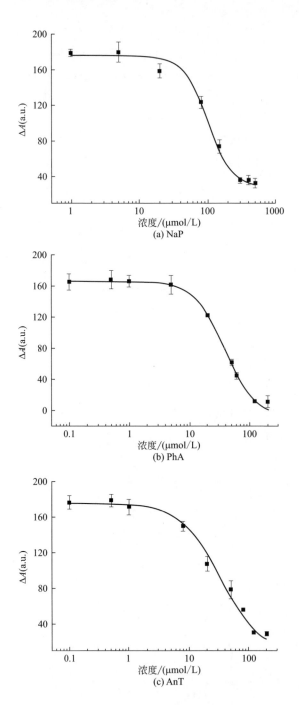

(a) NaP

(b) PhA

(c) AnT

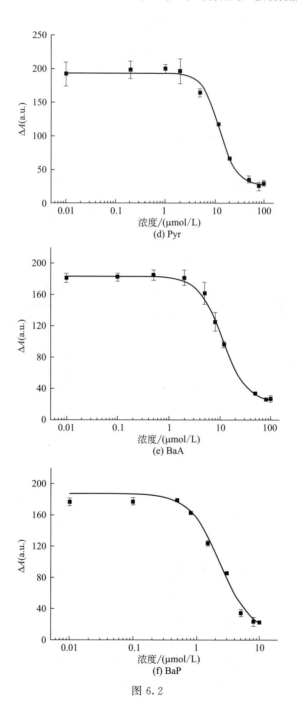

图 6.2

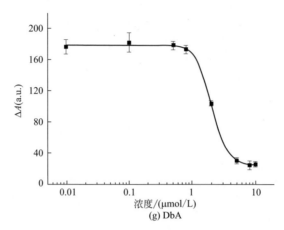

图 6.2　7 种 PAHs 对 DAO 活性的抑制效应曲线

表 6.1　PAHs 的分子量、辛醇-水分配系数、抑制常数及苯环数

PAHs	分子量	$K_i/(\mu\text{mol/L})$	$\lg K_{ow}^{①}$	苯环数
NaP	128	100.62	3.37	2
PhA	178	37.75	4.57	3
AnT	178	33.32	4.54	3
Pyr	202	12.68	5.18	4
BaA	252	11.09	5.91	4
BaP	252	2.39	6.04	5
DbA	278	2.03	6.75	5

① $\lg K_{ow}$ 数值从文献 [253] 中获得。

　　由表 6.1 可以看出，所检测的 7 种 PAHs 对 DAO 活性都有一定的抑制，且抑制强度呈现一定的规律性。对于 NaP、AnT、BaA 和 DbA 来说，随着苯环数的增加，其抑制能力逐渐增强，其中 5 个苯环的 DbA 抑制效应最强（$K_i=2.03\mu\text{mol/L}$），这表明碳链长度在 PAHs 的抑制效应中起着很关键的作用。而对于苯环个数相同的 PhA 和 AnT、Pyr 和 BaA、BaP 和 DbA 来说，空间位阻大的 PhA、Pyr 和 BaP 抑制作用小于 AnT、BaA 和 DbA。该结果说明苯环数目和空间位阻可能是决定 PAHs 对 DAO 不同抑制作用的关键因素。

6.3.3　PAHs 对细胞内 DAO 活性的影响

由于酶催化部位的活性残基在物种间高度保守，PAHs 对标准品 DAO 活性的抑制效应也可能反映这些化合物在人体细胞内对 DAO 活性的影响。在这里，我们选择 A549 细胞进一步研究了 7 种 PAHs 对 DAO 活性的影响。在测定 PAHs 对酶活性的影响之前，我们首先应用 WST-1 方法研究了这 7 种 PAHs 对 A549 细胞的毒性效应，以确定每种 PAHs 对 A549 的非致死剂量。图 6.3 为 WST-1 检测结果，从图中可以看出 PhA 和 AnT 在 $500\mu mol/L$ 时可以引起细胞明显的死亡，而 NaP 未观察到明显毒性。PAHs 对细胞毒性的顺序为 NaP＜PhA＜AnT＜Pyr＜BaA＜DbA＜BaP。其中具有最强毒性的 BaP 与最弱毒性的 NaP 相比，明显的不同之处在于苯环数目和分子尺寸。这些研究结果表明，不同苯环数目和分子尺寸即空间位阻效应似乎是决定 PAHs 细胞毒性的重要因素。

随后，我们将 7 种 PAHs 在非毒性剂量下暴露 A549 细胞 24h，并收集细胞裂解液。之所以选择非致死剂量，是保证酶活受到的影响是由 PAHs 引起，而不是细胞死亡所引起。当一定浓度的腐胺与适量细胞裂解液约含有 $25\mu g$ 蛋白在 37℃孵育 1h 后，腐胺会有一定的消耗。每微克蛋白中腐胺的减少量作为测定酶活性的标准。依据这个标准，我们测定了 A549 细胞暴露 PAHs 后胞内 DAO 的活性。如图 6.4 所示，7 种 PAHs 对 DAO 活性的抑制表现出明显的浓度依赖性。其中 DbA 的抑制效应最强，与阴性对照组（未暴露 PAHs）相比，降低了约 47.0％。这说明 7 种 PAHs 中 DbA 在活细胞内对 DAO 活性的抑制效应最强，该结果与胞外荧光方法所测的抑制结果相一致。且这 7 种 PAHs 对胞内 DAO 活性的抑制强度为：NaP＜PhA＜AnT＜Pyr＜BaA＜DbA＜BaP。该结果与胞外色谱方法所测的抑制结果一致。

6.3.4　PAHs 与 DAO 的分子对接结果

为了进一步研究 PAHs 对 DAO 产生不同抑制效应的机理，本章继

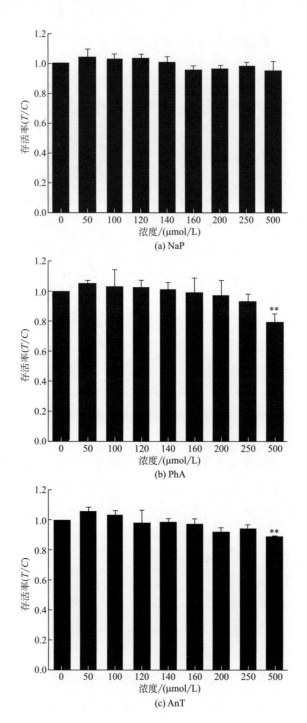

(a) NaP

(b) PhA

(c) AnT

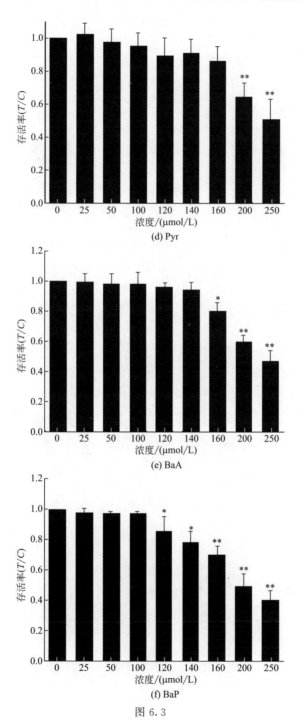

(d) Pyr

(e) BaA

(f) BaP

图 6.3

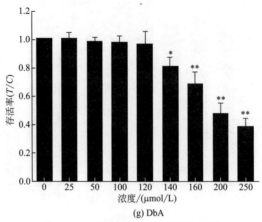

(g) DbA

图 6.3　PAHs 对 A549 的细胞毒性

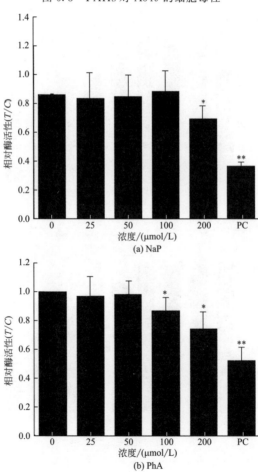

(a) NaP

(b) PhA

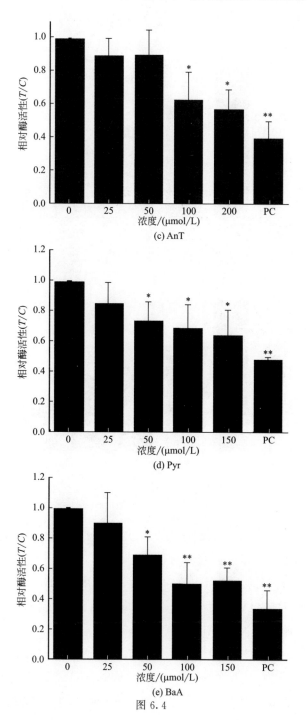

(c) AnT

(d) Pyr

(e) BaA

图 6.4

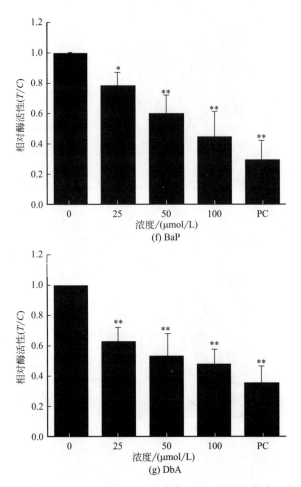

图 6.4　PAHs 对 A549 细胞内 DAO 活性的影响

续采用 AutoDock4.2 对 PAHs 与 DAO 的相互作用方式进行模拟，结果如书后彩图 7 所示。由彩图可以明显看出，苯环数目多的 PAHs 与 DAO 非极性部分的接触面积要大于苯环数少的 PAHs。此外，我们还比较了 PAHs 与 DAO 的结合能力以及对 DAO 的抑制能力。结果发现它们结合能的顺序为 DbA＞BaP＞BaA＞Pyr＞AnT＞PhA＞NaP，其中 DbA 与 DAO 的结合能最强（见表 6.2）。通过液相色谱实验测得的抑制强弱顺序为 DbA＞BaP＞BaA＞Pyr＞AnT＞PhA＞NaP，也是 DbA 具有最强的抑制效应。可以发现由 Autodock 计算的结合能与色谱实验所测得的抑制作用存在良好的相关性。此外良好的相关性说明，如果 PAHs 与 DAO 以一个正确的模式相结合，那么它们的抑制强度即是由结合力所决定的。

表 6.2　PAHs 与 DAO 的结合能

PAHs	结合能/(kcal·L/mol)	PAHs	结合能/(kcal·L/mol)
NaP	−5.62	BaA	−9.20
PhA	−7.59	BaP	−9.50
AnT	−7.43		
Pyr	−7.67	DbA	−9.97

6.4　实验总结

　　本研究利用高效液相色谱法、细胞实验和分子对接综合考察了 7 种代表性的 PAHs 对 DAO 活性的抑制作用。首次获得了 PAHs 对 DAO 的抑制常数，并证明 DbA 的抑制效应最强。此外发现这些抑制效应的强弱主要依赖于 PAHs 的苯环数目和疏水性。由分子对接结果得出抑制作用的不同是由结合模式以及 PAHs 的尺寸和疏水性特性决定的。在非致死剂量下，7 种 PAHs 在 A549 细胞内可明显抑制 DAO 活性，这些结果表明 DAO 是 PAHs 体内毒性作用一个可能的靶标分子。

第7章

环境有机污染物的分析与毒性检测

7.1 分析检测概述

　　环境有机污染物因其具有持久性、蓄积性、长距离迁移性和生物毒性等特征，受到越来越多的关注，目前已成为全球关注的热点问题。本章对环境有机污染物主要的采集、预处理和分析方法以及生物毒性的检测方法进行了综述。环境有机污染物的检测一般包括样品采集、样品预处理和色谱分析等几个步骤。为了全面评价环境介质中有机污染物的污染状况，采集的样品应包括大气样、水样、土壤样及底泥样。采集到的样品要进行及时的分析前预处理，不同的样品预处理步骤不完全相同，而且针对不同的样品检测技术也不尽相同。对于环境有机污染物的生物毒性检测来说，包括急性毒性、亚急性毒性以及慢性毒性实验，其中生物致畸、致癌、致突变等实验也都是生物毒性检测的方法。急性毒性实验作为毒性检验方便快捷的方法，可以用来研究环境污染物与机体短时间接触后所引起的一系列的损伤，从而确定有毒有害物质作用的途径、剂量与效应的关系，并为其他各种动物实验的设计提供依据，对环境污染提供预警。

7.2 环境有机污染物的分析检测

　　由于环境中有毒有机污染物的浓度通常都很低，大多都处于$10^{-12}\sim$ 10^{-9}水平的痕量分析，而且涉及多基质、共存物等复杂体系，因此在环境有机污染物样品分析方向，最开始研究者主要关注灵敏度和选择性都比较高的色谱分析方法，如气相色谱（Gas chromatography）法和液相色谱（Liquid chromatography）法。在后来的研究中，随着科学进一步发展，人们对环境有机物浓度的限制逐步严格，研究人员认识到在色谱分析方法中，为使样品中的待测物质从大气、水体、土壤等环境介质中分离出来，需要对样品进行萃取、提纯、浓缩等操作，之后把处理后的样品在有机溶剂中进行定量富集浓缩，这些预处理技术可以有效提高分析检测的效率，是对分析结果起决定性作用的原因之一，同时可以延长仪器使用寿命。

7.2.1　环境有机污染物的采集及预处理[284]

7.2.1.1　环境有机污染物的采集

多环芳烃（PAHs）、有机磷酸酯阻燃剂（OPEs）、全氟烷基酸（PFAAs）和有机汞等环境有机污染物由于具有半挥发性和不挥发性的特点，在环境中的含量通常为痕量水平。对于 PAHs 来说，从大气中收集 PAHs 样品的方法有很多种，常用的有溶液吸收法、低温浓缩法、惯性撞击法、固态吸附法、纤维滤膜法等方法，实践中主要根据 PAHs 在大气中的存在状态和浓度等物化性质的不同采用不同的采集方法。其中溶液吸收法由于不具备采集大量样品的条件，低温浓缩法需要的条件较苛刻，因此这两种方法在实际中应用范围很小。近几年国内常用后三种方法。惯量撞击法通常被用来分析大气颗粒物的直径。固体吸附法可通过吸收冷凝装置采集气溶胶中分子量较小的 PAHs，常用的吸收剂有 XAD-2 多孔有机复合树脂，包括 Chromosorb 系列、Tenax、聚氨基甲酸乙酯泡沫（PAU）等。这些吸附剂具有品质高、价格低、易处理等优势，因此市场占有率很高。聚氨酯泡沫（PUF）通常用于采集少量样品，XAD-2 则用于在气象物和颗粒物中采集大量样品并直接测定含量。需要注意的是，不同的采样系统具有不同的流速和安全体积，根据这种关系可以作出关于 PAHs 安全采样体积与 PUF 柱长的曲线图[285]。固体吸附法和纤维滤膜法都可以采集粒径很小的颗粒物状 PAHs，此外部分特殊性质的固体对空气中的 PAHs 有较好的提取效果。纤维滤膜法中常用玻璃、硅石英以及聚四氟乙烯和醋酸纤维等材料制成过滤材料，国产玻璃纤维滤膜密封性有限，易受光、气和臭氧的影响发生泄漏，故一般用来过滤 0.5μm 以上的颗粒物[286]。目前石英纤维滤膜和洁净超细玻璃纤维滤膜的应用最广泛，因为这些滤膜基本可以满足各种分析的需求[287]。Spitzer 等测试发现，醋酸纤维素膜对采集含有 3～4 个苯环 PAHs 的效果明显优于玻璃纤维滤膜。固体吸附法可用于研究小分子 PAHs，与单一的采样方法相比，玻璃纤维滤膜-Tenax 柱或玻璃纤维滤膜-XAD-2 柱等组合联用的方法集合了各种方法的优点，因此具有更高的采样效率[288]。空气中的 OPEs 大多附着在悬浮颗粒物表面，因此可以通过过滤材料如玻璃纤维滤膜或滤袋等方式采集含 OPEs 的空气颗粒物，通过固体吸附的方式采集气态样品[289]。收集气态有机汞时，采样人员需使用专业采样装置，如表面石墨化的炭黑采样管、酸化的巯基棉和回流喷雾箱等捕集器材[290]。

　　采集水体中的环境有机污染物样品时，一般选用经检验合格的专用 VOA 瓶，也可使用经清洗、350℃烘烤后检验合格的可重复使用的样品瓶。采集瓶需满足带螺旋盖、配有聚四氟乙烯表面垫片等条件。为减小由于 PAHs 等物质半挥发性导致的误差，采集液体样品时应当尽量避免搅动，防止污染物逸散。液体样品应缓慢倾倒，当液体在容器之间转移时由于接触空气产生了气泡，则会影响液体浓度，故应当对该样品进行重新采集。样品采集完成后应迅速旋紧瓶盖，保证与瓶内液体直接接触的是瓶盖内的聚四氟乙烯。采集完成的标志是上液面在采样瓶的瓶口处有向上突起的弧度。盖紧后，倒置 VOA 瓶并轻轻敲击瓶身，如果液体中出现气泡，则应进行重新采集。一个样品应同时准备 2 份。由于邻苯二甲酸酯与其他烃类化合物有可能与样品发生化学反应并使样品变质，故样品不可与塑料类材质直接接触，因此采集瓶瓶身与瓶盖不可选用塑料材质。而聚四氟乙烯（PTEE）类容器具有抗酸抗碱抗有机物等特性，因此实际工作中玻璃容器与附带 PTEE 垫片或铝箔的瓶盖常常被用来采集液态环境有机污染物样品。一般采用 1L 的细口棕色玻璃瓶采集水样，采集之前需对铝箔进行润洗。样品不可以直接接触采样瓶以

外的其他物品，如采集者的手套，避免污染样品。实际采样工作中，每
20 个样品标记为一个批次，若最后所剩样品数小于 20 个，将剩余不足
20 个的样品记为一批次。同一批次至少设置一个空白对照，空白对照
由实验用水配制的样品模拟。除空白对照外，平行样品也是减小误差、
增加采样、测样精密度的一个有效途径。平行样品按照 5%～10% 的比
例采集。也可通过现场加标来确定样品采集、运输、检测过程的分析精
度范围。采集水中的 OPEs 时，样品需保存在 4℃ 的棕色瓶中，并在
24h 内分析检测。采集水样中的 PFAAs 时，样品应装入聚丙烯广口瓶。
采集水体中的有机汞样品时，需要用经严格清洗的聚四氟乙烯或硼硅玻
璃材质容器，样品应阴凉避光保存，于 2d 内在净化工作台上把大颗粒
杂质滤除，之后加盐酸保存。

对于土壤或沉积物等基质样品，应使用 250mL 的广口棕色玻璃瓶
采集。湖水等深水中沉积物一般使用冲击式采样器采集，采样瓶的材质
应为有机玻璃或聚四氟乙烯材质，且样品的分割必须在惰性环境中进
行。浅水沉积物可直接用手操作，置于塑料材质的采集瓶中。固体样品
采集时应保证装满采样瓶。采集土壤样品时，为减小采样中产生的体积
误差，可以轻轻击打瓶身，使土壤颗粒间的孔隙尽可能减小。固体或半
固体样品采集一瓶即可。样品采集完成后需进行离心脱水，半固体样品
置于 -20～-40℃ 的冰箱内，土壤等固体样品需保存于阴凉处。在后续
测量中如需干燥的样品，应在阴凉通风处风干或冷冻干燥。

7.2.1.2　环境有机污染物的预处理

样品的预处理包括样品的储存、提取和预分离三部分，后两部分可
同时进行。采集好的样品应当分类保存，尤其是可能含有浓度较高的挥
发性有机物样品。一种样品至少准备两份以作备份。采集瓶上贴标注有
编号、采集时间、采集位置等内容的标签。为便于区别不同的样品，防
止样品与阳光、空气接触或因挥发而影响其性质，一个塑封袋内应放置
一种样品，并迅速将其封存。塑料袋中可存入适量的活性炭，减少样品
间交叉污染，尽量避免对其他样品的污染。密封好的样品袋应迅速放于
低温冷藏冰箱中并尽快检测分析数据指标。对于无法及时分析的样品

袋，应尽快存入 4℃的冰箱。

样品的分离提取方法有萃取法、静态顶空进样技术、吹扫-捕集进样技术、索氏抽提法、超声波提取法、凝胶渗透色谱法等。萃取法又可分为液液萃取、固相萃取、固相微萃取、基体分散固相萃取技术、膜萃取技术、加速溶剂萃取技术、微波萃取技术和超临界流体萃取技术。

（1）萃取法

1）液-液萃取技术

液-液萃取技术（Liquid-liquid extraction，LLE）的是基于样品中不同成分在同一种溶剂中溶解的程度各异，以此将某种成分与溶液中其他组成成分区分开来。该方法要求欲分离的液体混合物与所选择的萃取溶剂互不相溶或略微相溶。LLE 是最经典的样品分离提取方法，由于其具有投资低、方法成熟、易控制、循环利用率高等特点，因此在早期得到了广泛的应用。但该项技术存在可处理水体体积小、乳化剂和有机溶剂用量很大，容易引起二次环境污染等问题，目前该方法正在逐步被新的萃取技术取代。

2）固相萃取技术

固相萃取技术（Solid-phase extraction，SPE）是在固液萃取和柱液色谱技术的基础上创新的一种技术方法，是一种常用的对具有挥发性液态化合物或经液化处理后的固态化合物进行分离提取浓缩的技术。由于不同固态吸附材料对不同成分具有不同的吸附率，当液态样品以一定的流速经过 SPE 时，目标有机物被吸附截留在装置内，再用选择性溶剂洗脱吸附的溶剂，以此达到对目标有机污染物的分离提纯的目的。SPE 装置一般分为柱状的 SPE 柱和圆盘状的 SPE 膜，两者的作用都是吸附待处理有机物。不同的是 SPE 柱流速较低，富集速度较慢，因此，该技术对于杂质较多或流量较大的样品具有一定的局限性；流速较小容易导致系统内部堵塞，降低系统效率，因此一般应尽可能使 SPE 膜流速增大。吸附剂的类型有 5 种，其中键合硅胶 C18、C8 常常被用作没有极性或极性很小的有机物的萃取剂，多孔苯乙烯-二乙烯基苯共聚物在苯酚等中等极性的有机物萃取中呈现出良好的效果，石墨碳适用于没有极性的醇类、硝基苯酚以及极性很强的除草剂，这三种反相吸附剂对有机磷酸酯阻燃剂都有良好的吸附效率。近些年还有研究表明，石墨烯作为 SPE 吸附剂时，能得到更高的回收率[291]，目前萃取氯霉素、氯苯氧基酸、磺胺类药物等方向已经有使用这种石墨烯填充柱的经验[292-294]。

3）固相微萃取技术

固相微萃取技术（Solid-phase microextraction，SPME）是把萃取头置于样品内部对具有挥发性的固态或液态组分进行萃取，或置于样品上空对具有挥发性的固态或液态组分进行萃取的技术，其中前者称为直接法，后者称为顶空法。萃取头分为内外两部分，外部被不锈钢细管围绕；内部由石墨纤维制成，表面有多种色谱固定相和吸附剂涂层，利用相似相容性质对不同极性的物质进行溶解吸附，是萃取过程的主要发生场所。萃取头不工作时置于萃取头鞘中。萃取头的涂层需要满足萃取率高、化学性质稳定且耐酸耐碱等条件。而单位体积的石墨烯具有较大的面积，且满足上述所有条件，因此成为一种良好的 SPME 纤维涂层材料，能够获得比商品化的纤维更高的萃取效率[295]，由于以上这些性质，SPME 技术具有操作方便灵活、可与色谱仪联合使用，且无需额外准备萃取剂、萃取速率高等优势。与 SPE 相比，SPME 具有更高的选择性、更容易洗脱溶剂以及萃取相对量较少等优势，近年来在表面活性剂、高分子聚合物中微量杂质和环境水样分析等领域得到了广泛的应用，如萃取水样中的 OPEs 等。缺点是不容易定量检测，不容易进行批量实验，同时相对性较强，必须严格控制分析条件才可获得一致性结果。

4）基体分散固相萃取技术

基体分散固相萃取技术（Matrix solid-phase dispersion，MSPD）是将涂有 C18 等多种聚合物载体的固相萃取材料与样品同时研磨，研磨后得到的半干混合物作为填料装柱，使特定的溶剂通过填料柱，由于不同溶剂对样品中不同组分的分配系数不同，因此特定组分可以从样品分离出来。这种方法具有需要萃取剂少，萃取速率快，萃取与提纯、富集可同时进行，有效减少样品的浪费等优势，操作简单，适合处理少量样品，对大量样品（包括批量水质、沉积物和土壤等）的处理上还需进行技术改进。

5）膜萃取技术

膜萃取技术（Membrane extraction，ME）是在传统的液液萃取技术的基础上，利用膜将目标有机物萃取到萃取剂中的过程。萃取膜可分为两种。多孔膜技术是在亲水膜上打开直径不等的小孔，膜置于样品溶液内部，膜两边的溶液通过孔径接触，分子量小于这些孔径的小分子和盐可通过膜进入萃取剂，而大分子留在溶液内。除多孔膜技术外，还有一种非多孔膜技术，是一种三相或两相萃取系统，三相萃取系统由样品相、萃取相和两相之间由膜形成的分离相组成，两相萃取系统则是当萃取相充满疏水膜孔时，水相通过膜直接接触有机相。两相系统中，有机物在水相和有机相中的分配系数决定其萃取效率。膜萃取技术的优点是液滴之间没有分散聚合的过程，防止由于萃取与反萃取不彻底导致的样品损失，因此该技术对萃取剂密度与表面张力等性质没有严格的要求；需要的有机溶剂体积小，同时能高效、准确地萃取出特定组分，净化程度也比较高，并且可以与色谱法在线联用。缺点是比较费时。水样中的OPEs 也可使用这种萃取方法。

6）加速溶剂萃取技术

加速溶剂萃取技术（Accelerated solvent extraction，ASE）是利用样品中各组分在各溶剂中具有的分配系数的差异性。研究表明，有机溶剂在（125±75)℃的高温和（15.4±5)℃的高压环境下，对固态半固态物质的萃取效率与速率最高。与传统萃取方法不同的是，加速溶剂萃取法通过给系统升温和加压两种途径，使溶剂在样品基体中的溶解速度加快，解析活化能减小，黏度降低，溶解度加大，同时依然保持液体状态，降低样品的热分解。该技术具有快速、回收率高、分析通量大、有机溶剂使用量少和二次污染小等优点，目前已在环境领域得到广泛应用，如从土壤样品中萃取 OPEs。但同时由于其要求高温高压的条件，故前期的设备资金投入较高。

7）微波萃取技术

微波萃取技术（Microwave extraction，ME）的原理是高频微波的能量传递给样品，样品温度急速增大，高温促进物质溶解，达到不同溶剂萃取分离样品中不同组分的目的。实验表明，波长在单位毫米与米之间、频率在 $3 \times 10^{14} \sim 3 \times 10^{17}$ Hz 时，电磁波能量较高，足以通过萃取材料，抵达样品中心所在位置。此外，电磁波产生的磁场也可以促进样品组分扩散，进一步增大萃取速度，也可以使温度不至于过高，提高萃取效率，避免样品浪费。该方法的优点是微波由于高穿透性，故其能量无需通过中间介质就能够传递给样品中的微粒子与溶解样品所需的萃取剂，使待萃取组分与萃取剂的分子运动速度加快，分子间作用力增强。此外，由于该技术所需压力值较高，需要在密闭空间中操作，与传统萃取技术相比，密闭空间可达到更高的温度，从而提高萃取速率，缩短预处理时间。缺点是操作复杂，而且在高压条件下，有机溶剂极易挥发，气压进一步增大，系统压强表现出正反馈效应，导致发生爆炸的可能性急剧增大。爆炸影响环境质量，更重要的是，容易使造成操作人员身心受创。鉴于以上优缺点，实际生产中，OPEs 从固态材料中分离提纯时会用到该项技术手段[296]。

8）超临界流体萃取技术

超临界流体萃取技术（Supercritical fluid extraction，SFE）与其他萃取技术都不同，该技术将超临界流体作为萃取剂，在目标萃取物的蒸气压不同时，利用化学亲和力和溶解能力的差异进行分离提纯的方法。超临界流体的物理性质一方面与液体相似，另一方面也与固体接近：当其所受压力与温度在临界值以上时，这种物质具有与液体相近的密度以及与气体相近的扩散程度和流体内部摩擦力。超临界流体的介于液体与固体之间物理性质的特性，决定了样品中不同物质在不同压力或温度条件下，在不同超临界流体中的溶解程度都不相同，也就是说，超临界流体的种类和样品溶解率都是可控的。典型的超临界流体有 CO_2、C_2H_4 和 NH_3 等，其中 CO_2 具有稳定性强、临界值小等优势，能够相对高效地对样品中易挥发和易受高温影响而变质的组分提纯，因而成为良好的超临界流体萃取溶剂。CO_2 作为超临界流体时，对亲脂性的小分子组分具有更高的萃取效率。该技术具有灵活性较高的优势，体现在样品溶解率可控且高效，萃取提纯同步进行；技术操作不复杂；萃取剂由于具有一部分固体的性质，易与样品分离，避免了反萃取不彻底造成的样品污染，影响实验数据；节约能源等，但同时由于其高温高压的要求，有设备投资大等局限性，因此目前该技术还未广泛应用。

（2）静态顶空进样技术

静态顶空进样技术（Static headspace，SH）是利用温度升高使物质更快地挥发，随着气体增多气压增大，气相与其他相之间达到压力相等时，可直接抽取顶部气体达到分离的效果。当样品的蒸气压很低并且浓度很小时，可挥发物质浓度越大，色谱线与横轴形成的峰经过积分计算后的值越大；而物质浓度相对比较大时，二者则不表现为正相关关系。鉴于这种规律，对样品进行色谱分析操作之前，一般需要将样品浓度稀释至一定值，使其接近理想溶液状态。该技术不受样品基质的影响，也不必使用有机溶剂进行溶解，操作简单，因此对于易挥发、易分解和无法直接取样的液体或固体样品有很好的分离效果，减少了对色谱柱和进样口的污染。由于静态顶空进样技术在气相与样品相达到静态平衡时对样品进行提取，平衡条件易受其他因素影响，造成系统的稳定状态不易控制，因此处理样品浓度极低的情况时误差较大，而对于浓度较大的样品，则需要采取一些预处理手段，使其浓度适当降低，才能达到一定的准确率。

（3）吹扫-捕集进样技术

吹扫-捕集进样技术（Purge & Trap，P&T）也被称为动态顶空技术，与静态顶空进样技术相比，后者需要在系统达到静态平衡状态时才能进行分析，而前者不受平衡条件的限制。惰性气体经过液态或固态样品时，样品中的可挥发成分被带走，二者一起进入吸附剂冷阱系统，经过一系列收集、分离、提纯处理后，待测气体进入检测系统进行分析过程。P&T 技术用到的萃取剂是惰性气体，萃取率几乎能够达到100%，检测的准确率因此大大提升，同时可以促进其浓缩富集。一般选用氮气作为吹扫气，被分析样品可以是液相、固相或气相，因此 P&T 技术在实际中已得到相当广泛的使用，水体、土壤等环境介质中大部分 VOCs 都可以用该技术进行检测分析。因此 P&T 法是挥发性有机物分离提取中最重要的一种技术。但同时该方法的缺点是在吹扫-脱附过程中，一些挥发性低或极性低的物质可能会在容器内部有残留，造成一定的损失。此外，含量较高、污染性强的样品容易污染该体系。

（4）索氏提取法

索氏提取法（Soxhlet extraction，SE）是将固态待测物置于索氏萃取器的萃取剂中进行萃取分离。索氏萃取器中的提取管是 SE 技术的最重要的组成部分，待测物进入抽取管之前需要在外部加一层脱脂滤纸。待测物进入抽取管后，加热系统促进溶剂挥发，气体进入冷凝管经冷凝作用液化变为液体状态，液体在重力作用下回落到萃取管，随着时间的推移，越来越多的固态样品转变为液体状态，系统内液面越来越高，当液面接近虹吸管所在水平高度时，液体经虹吸作用进入提取瓶。流入抽提瓶内的溶剂继续重复上述步骤，循环到抽提完全为止。索氏提取法具有很高的萃取效率，常被用作检验其他提取方法效果的指标，但其缺点是耗时很长、分析效率低，提取 PAHs 通常需要数小时，此外溶剂量浓缩也需要很长时间，而且过程中需要用到大量有机溶剂，容易污染环境。

（5）超声波提取法

超声波提取法（Ultrasound-assisted extraction，UAE）是将 $2\times 10^{4}\sim 5\times 10^{13}$ Hz 的、传播方向与振动方向垂直的电磁波通过待测样品，样品进行均匀连续的震动，同时产生许多微小气泡并即刻爆炸。利用超声波这种特性，当样品处于超声波环境中时，样品中各种物质的小颗粒在声波辐射作用下发生微震荡，又引起环境温度升高，促进了样品小颗粒的分散溶解，使萃取速率提高，大大增加待测物在溶剂中的溶解率。该技术具有条件不苛刻、操作过程易进行、效率较高等优势，但其提取溶液与基质分离分析的条件难以控制，在一定程度上影响了结果的稳定性。土壤中 OPEs 可用这种方法进行萃取。

（6）凝胶渗透色谱法

凝胶渗透色谱法（Gel permeation chromatography，GPC）的原理与分子筛类似，其渗透条件是分子直径的大小。待测物质的分子在凝胶色谱上的小孔处被选择通过，分子量大的组分被排除在凝胶孔隙之外，允许这些大分子进入的通道只有凝胶颗粒之间的孔隙，由于这条通道较宽敞，被拒绝的大分子能够以较高的速度搭载着流动相离开色谱柱。除凝胶粒子间的孔隙这条通道外，系统内还有一条粒子内部孔隙形成的通道，粒子间孔隙比粒子内孔隙大很多，因此小分子才能进入这条通道，且分子运动速度显著较慢，在色谱柱内部运动的时间较长。色谱柱内孔隙直径的影响因素是固定相的交联密度和流动相溶胀系数，二者均与其材料种类有关。GPC 是一种测定速度很快、对大分子基体中的小分子的分离效果最好的一种重要的分离净化方法，可分离分子量为 107～400 的分子，在欧美等发达国家已经在相关领域得到权威认可，是一种重要的分离技术。

7.2.2　环境有机污染物的分析检测方法

7.2.2.1　色谱法

色谱法是一种快速高效的分析检测方法，可以在几十分钟以内进行多达上百种具有相似性质的化合物的分析。色谱法选择性强且灵敏度高，容易进行自动化操作，与不同的检测器联用，仅需要消耗纳升至微升级别的样品体积，就可以同时检测出不同的待测组分，物质在不同的溶剂中具有不同的分配系数，色谱法利用了这一特性，另流动相中的待测物质被固定相萃取出来，在固定相中分配系数大的物质被留在固定相的时间更长，以此达到分离的目的，因此色谱法又叫色谱分析、层析法。

（1）气相色谱法

气相色谱法（Gas chromatography，GC）的原理与液相色谱法类似，不同之处在于其流动相是惰性气体，固定相能够分离样品的吸附剂涂料。除与液相色谱仪相同的色谱柱、柱温箱、检测器等部件外，气相色谱仪还需要提供气源系统，用来提供压强均匀、纯度高的惰性载气。样品在进样口进入系统，被流动相气体带入色谱柱，样品被固定相的吸附剂涂料吸附，又被惰性气体萃取，而且样品中各种组成物质在吸附剂中分配系数各异，因而这个过程经历的时间也不同。经过千万次重复，不同的物质所需时间的差异更明显，这样不同的物质就会在不同的时间节点离开色谱柱，进入下一个检测系统。检测系统在不同的时间检测到不同离子产生的电子信号，将信号放大后传递给记录系统，记录系统描绘出信号-时间关系图，也就是色谱峰。由原理可知，不同物质性质不同，故在色谱峰上出现的时间不同；色谱峰峰面积是该物质离子信号强度的积分，物质浓度越大信号越强，峰面积越大。将在固定相与流动相气相色谱仪主要用于对气体和易挥发或可转化为易挥发性质的液体样品的分离纯化，样品的传播速度很快，在不同相之间可瞬间达到平衡，可选择多种物质作为固定相，具有高效快速、分离效率高等优势。气相色谱流动相是气体，固定相可以是固体涂层，也可以是液体涂层。前者也叫气固色谱，后者叫气液色谱。生活中液体固定相最常见。

（2）高效液相色谱法

高效液相色谱法（High performance liquid chromatography，HPLC）的原理是材料的粒径减小、压力增大能够极大地提升流动相流速，极大地增加液体流动相的流速。传统液相色谱法虽然具有较高的分离程度，但所需时间通常比较长，有时甚至需要几个月才能较好地完成分离作业。而 HPLC 通过减小流动相填充材料的粒径较好地补充了这个短板。物质在不同固定相和流动相中具有特定的分配系数，不同物质由于其性质不同，故分配系数各异。样品随流动相流动，经过固定相时，在固定相中溶解度更高的组分在固定相中将会有更长的停留时间，移动速度更慢，而分配系数小的物质停留时间短，移动速度快，样品经过多次吸附-解吸过程后，在有一定长度的色谱柱中逐渐分离开来，以此进入检测器，检测器再把色谱信号传递给记录系统，记录系统绘制出信号强度-时间关系图，形成色谱峰。高效液相色谱法由于具有压力较高、流速较大等特点，因此又称高压液相色谱法或高速液相色谱法。与气相色谱法不同的是，HPLC 无需进行升温操作，不需要样品气化，不受样品挥发性的限制，在对温度有较高要求或相对分子质量较高的如 PAHs 等物质进行分析检测时，该技术有比较高的准确率。

（3）超高效液相色谱法

超高效液相色谱法（Ultra performance liquid chromatography，UPLC）是在高效液相色谱仪的基础上，把填充材料直径由 $5\mu m$ 改为 $1.7\mu m$，更大程度地增强了组分的分离度和灵敏度，减少了溶剂消耗量，提升了分析灵敏度，使分析水平达到了一个新的高度。超高效液相色谱法已经用于分析土壤或地下水中的 PAHs 以及苯酚类化合物等物质，这类物质的检测需要在高压条件下进行，而颗粒物尺寸和样品纯度对压力比较敏感，所以污染中或基质复杂的样品极易污染系统。

（4）全二维色谱法

全二维色谱法（Comprehensive two dimensional gas chromatography，GC×GC）改进了 GC 的色谱柱，利用 2 个色谱柱对样品进行分离和分析，使不同物质粒子分离程度更高。两色谱柱以头接尾的方式相连，中间插入一个调制解调器，用来收集汇聚来自一维色谱柱的样品，将其转化为脉冲波发送到二维色谱柱中，二维色谱柱再重复一维色谱柱的过程，对经调制解调器的脉冲波进行二次分离，最后记录器绘制出成平方增加的色谱峰信号。与传统色谱法相比，全二维色谱法有 2 根色谱柱，具有高准确度、高敏感度等优势，其敏感程度可比传统色谱法高几十倍，同时分析速度更快，最重要的是，具有相近二维性质的组分可以通过全二维色谱法的正交性实现族分离。全二维色谱法可用于测定复杂混合物样品，如 PCBs、石油烃类等具有相似性质的同族物组成的物质。

7.2.2.2　色谱-质谱联用法

尽管色谱法在分析痕量有机物方面有诸多优势，但由于其区分各种不同物质的依据是不同色谱峰在坐标轴上的保留时间，若相邻 2 个峰的宽度较大，则可能发生色谱峰部分或全部重叠的情况，在实际操作中会有误差。为解决这个问题，通常将质谱等其他定性技术手段与色谱法联用。有机质谱法以电磁学原理为基础，当待测物质进入质谱仪后，携带极大能量的电子流与样品接触，样品中粒子都发生离子化反应。由于粒子结构、组成不同，离子化后形成的离子具有不同的质荷比与不同的离子强度，在电场作用下运动的轨迹不同，从而达到分离测定的目的。有机质谱法可用于检测分子组成、结构和分子量，具有分辨率高、速度快、通用性高等优势。

（1）气相色谱-质谱联用法

气相色谱-质谱联用法（Gas chromatography-mass spectrometry，CG-MS）具有气相色谱法效率高速率快的优势，同时兼备质谱法准确率高的特点。CG-MS 系统的实质是 GS 法的进样系统和 MS 法的检测系统的联用。固态或液态待测物在进入进样系统之前发生气化作用，不同组分相互分离并依次进入质谱仪，质谱仪对物质进行离子化，检测器按照质荷比分离检测出不同的组分浓度，最后由记录器记录分析结果。CG-MS 已广泛应用于水环境和土壤中 PAHs 等挥发性和半挥发性有机物的测定。

（2）液相色谱-质谱联用法

液相色谱-质谱联用法（Liquid chromatography-mass spectrometry，LC-MS）具有液相色谱法分辨率高的特点，同时兼具质谱法准确率高的优势。与 GC-MS 相比，LC-MS 能够对更多的物质表现出分析能力，因此在检测挥发性极差、极性极强和热稳定性极低的分子量较大的有机物方面得到比较广泛的应用。LC-MS 的 LC 部分原理基本与传统液相色谱法相同，但需注意的是，由于液相色谱与质谱属于同一个系统，故在对流动相的材料和流速进行控制时，需要考虑质谱仪的正常运行。流动液质联用法的实质是 LC 进样系统和 MS 检测系统的联用。待测物随流动相经过色谱柱，不同组分相互分离并依次进入质谱仪，不同的组分在质谱仪中将转变并聚焦为不同的气相分子或离子，检测器按照质荷比检测出不同的组分浓度，最后由记录器记录分析结果。近年来 LC-MS 技术在 PFAAs 分析检测领域的应用越来越广泛。

7.3　环境有机污染物的毒性检测

为满足经济发展的需求，工业和农业领域的技术突破越来越多，与此同时人类改造自然的痕迹越来越明显，意味着有更多的有机物进入自然环境，超过环境的自净能力，环境污染问题愈发严重。多环芳烃（PAHs）、有机磷酸酯阻燃剂（OPEs）、全氟烷基酸（PFAAs）和有机汞等环境有机污染物在环境中的含量也日益升高。这几类污染物具有潜在的毒性、致癌性及致畸诱变作用，可通过食物链的传递及生物累积作用，对海洋生物、生态环境和人体健康造成极大的危害，关于它们的环境污染和毒性问题已逐渐引起了人们的重视。因此，与此类污染物相关的毒性检测及风险评价等问题也尤为重要。

7.3.1 环境有机污染物的毒性测试

7.3.1.1 发光细菌毒性测试技术

发光细菌毒性测试技术（Microtox 技术）的原理是有毒有机污染物能够破坏细菌细胞结构，影响细菌正常新陈代谢，从而引起发光菌的发光强度的改变。通过检测发光菌发光强度的变化趋势，能够推测出污染物对细菌系统功能破坏的程度。近年来发光细菌毒性测试技术在 PAHs 毒性评价领域已经得到相当多的应用[297,298]。例如，张金丽等通过发光细菌培养测定法对 PAHs(NaP、PhA、AnT、Pyr、荧蒽）及其降解产物的生物毒性进行检测，并利用细菌发光半数抑制剂量（15min-EC_{50}）来表示 PAHs 的毒性水平[299]。结果表明，在利用二甲基亚砜（DMSO）作为溶剂的情况下，NaP、PhA 及荧蒽均对发光细菌具有一定生物毒性，且相同浓度下菲的毒性大于萘。但由于这几种 PAHs 化合物在水溶液中溶解度不同，其中 NaP 在水中溶解浓度下可完全抑制发光细菌的发光反应，并测得 NaP15min-EC_{50} 值为 4.32mg/L；而 PhA 及荧蒽浓度接近其溶解度时分别仅产生低于 50% 和 15% 左右的抑光率；水溶性更小的芘及蒽在最大浓度时则对发光细菌无生物毒性显示。此外，利用生物表面活性剂鼠李糖脂和固定化重组发光菌体 GC2 可成功检测出土壤中菲的生物毒性，这也说明生物表面活性剂在 PAHs 等污染物毒性检测中具有良好应用前景[300]。

7.3.1.2 植物检测法

植物检测法是以植物作为指示生物检测有机物毒性的方法。江玉等采用封闭-静态实验方法研究了 4 种（多环）芳烃对 6 种海洋浮游植物的生物急性毒性效应，并应用对数模型计算了其 EC_{50} 值[301]。结果显示 4 种（多环）芳烃对 6 种海洋浮游植物急性毒性的 72h-EC_{50} 值分别为甲苯 34.1～114mg/L、NaP 3.9～7.3mg/L、2-甲基萘 1.69～3.03mg/L、PhA 0.6～1.92mg/L。可以明显看出在这 4 种（多环）芳烃中菲的生物毒性最强。进一步分析表明，甲苯、NaP、2-甲基萘和 PhA 对 6 种浮游植物的急性毒性大小顺序基本为小新月菱形藻＞三角褐指藻＞甲藻＞中肋骨条藻＞小球藻＞亚心形扁藻，且（多环）芳烃对甲藻和硅藻的毒性效应比对绿藻的大。

7.3.1.3　急性毒性试验方法

胚胎急性毒性试验也是毒性测试的一种方法，在对 OPEs 的毒性检测实验中，高丹等[302] 采用半静态法，以急性毒性试验 96h-LC_{50} 结果所获得的试验浓度范围对斑马鱼受精后的胚胎进行暴露。试验期间对受试鱼进行测量，并仔细观察和记录胚胎或仔鱼的畸形和异常行为以及胚胎死亡数和孵化数。实验结果表明 TPhP 对斑马鱼胚胎的毒性最强，TnBP 和 TDCP 次之，TCPP 的毒性最低。TPhP、TnBP、TDCP 和 TCPP 对斑马鱼胚胎的 96h-LC_{50} 分别为 1.90mg/L、2.27mg/L、2.32mg/L 和 14.1mg/L。TPhP、TnBP、TDCP 和 TCPP 对斑马鱼胚胎 32d 慢性毒性 NOEC 值分别为 0.03mg/L、0.05mg/L、0.05mg/L 和 1.00mg/L。

郑新梅等[303] 采用静态暴露方式分别测定了典型全氟化合物 PFOA、PFOS 和 PFNA 对大型溞和斑马鱼胚胎发育的毒性，并计算幼溞暴露 24h 和 48h 后半致死浓度 LC_{50}，通过参照化学物质对鱼类和溞类的毒性等级评价标准，确定 PFOA 为微毒性化合物，而 PFOS 和 PFNA 属于低毒性化合物。斑马鱼胚胎发育毒性实验结果显示，3 种化合物对斑马鱼胚胎的毒性主要表现为卵凝结，而且前 8h 内毒性效应非常明显 24h 后卵凝结率基本不再增加，这说明它们均对胚胎早期发育影响比较大。

此外，大型溞作为模式生物，常用于水中有机污染物的急性毒性测试。研究者以大型溞为受试生物开展了一系列 OPFRs 的急性毒性效应的研究[304-306]。

也有研究者报道了 OPFRs 对人体的急性毒性案例。牛青盟等[307] 对 70 例食入含 TOCP 面粉的患者进行调查，发现 TOCP 对人体有急性毒性作用，食用者开始症状为腓肠肌疼痛，3～7d 后出现站立不稳、行走困难等迟缓性麻痹症状，1 个月后出现上运动神经元麻痹的表现。

TOCP 对人体主要是神经毒性，最小致死量成人为 $10 \sim 30\mathrm{mg/kg}$，主要表现为和有机磷中毒迟发性神经病类似的中枢-周围远端型轴索病。

7.3.1.4 SABC 免疫组织化学方法

杨虹等[308] 通过 SABC 免疫组织化学方法分别检测了 HgS、朱砂、朱砂高剂量、朱砂安神丸、HgCl、MeHg 暴露对金属硫蛋白在肾组织中的表达影响，结果发现正常组、HgS 组、朱砂组、朱砂安神丸组小鼠肾脏未见明显病理表现。朱砂高剂量组小鼠可见肾组织炎症细胞浸润，肾小管轻度水肿，肾小球体积减小。HgCl 组可见肾小球炎症细胞浸润，肾小球萎缩或肾小球体积代偿性增大，肾小管水肿，细胞体积增大。MeHg 组可见肾小管水肿明显，细胞体积明显增大，小管上皮细胞崩解、坏死。肾小球炎症细胞浸润，不同程度的体积减小。小动脉周围大量炎症细胞浸润。与正常组小鼠相比，HgCl 组、MeHg 组小鼠的肾汞蓄积量显著增高（$p < 0.05$），其他各组与正常组未见显著差异。此外与正常对照组比，HgCl 组、MeHg 汞组大鼠肾组织 MT 肾小管阳性表达率明显增高（$p < 0.05$），其他各组与正常组没有明显差异。

7.3.2 环境有机污染物毒性的预测模型

7.3.2.1 生物富集模型

生物富集作用是指污染物从环境中通过非膳食途径包括呼吸道表面或皮肤进入鱼类以及其他水生动物体内，进而在食物链中传递与富集的一种进程。生物富集作用的研究，对于预测某种污染物在生物体内的含量、评价污染物的生态风险以及建立环境标准具有重要的意义，因此在生态毒理学与环境化学领域占据很重要的地位。污染物的生物富集作用越强，对生物的污染程度与慢性危害作用也就越大。通常以生物富集系数，即生物富集因子（Bioconcentration factor，BCF）作为描述生物对污染物质富集效应的指标，来度量污染物在生物体累积的趋势。BCF 是指化合物在水生有机体内的浓度与水环境中的溶解的浓度比值[309]，在环境评估中是一个重要的参数，通过此值可以判断一种化合物是否可以被水生有机体吸收并最终富集于体内。目前鱼类已成为人们研究生物富集作用的主要目标生物。由于实测 BCF 成本高、周期长，在实际工作中通常需要采用估算的方法来获得 BCF 值。

目前，对化合物生物富集因子的估算方法主要包括化合物 BCF 和辛醇/水的分配系数（K_{ow}）、水溶解度（S_w）和吸附系数（K_{oc}）之间的各种经验关系式。其中应用最多的是 BCF 和 K_{ow} 之间的关系式。此外还可以利用拓扑法来估算 BCF，由于拓扑法主要是根据有机化合物分子隐氢骨架中产生的分子连接指数来计算 BCF，且在模型中引入基团校正因子，因此该方法可提高所得模型的估算精度。近年来，定量结构-活性关系（Quantitative structure activity relationship，QSAR）也被引入研究有机物的生物富集因子，它是估算与预测 BCF 一种非常简单的方法。QSAR 不仅可以显示变量间的数学关系，而且具有较强的有效性和实用性，可有效的用来估算生物因子所需数据。

目前研究较为广泛的生物富集模型主要有稳态模型和两箱动力学模型。稳态模型是一种比较传统的生物富集模型，该模型主要是基于 BCF 和生物富集系数（BAF）的概念来量化污染物在环境中的迁移、转化、监测、评价以及预测污染物在进入环境后可能造成的危害。此过程将生物体假设为一个很好的混合反应器，当生物富集达到一种特殊的稳定状态，即生物体内污染物的浓度随着时间的改变不再变化或者污染物总的排出速率等于总的吸收速率时。此时，BCF 值或 BAF 值可通过公式 $BCF = C_b / C_w$ 获得，其中 C_b 和 C_w 分别表示平衡状态时污染物质在生物体内的浓度和水中的浓度。但实际操作过程中，生物富集是否达到平衡很难界定，此实验周期一般在 1~3 个月[310]。而两箱动力学模型是将有机物污染在生物体内的富集看作是有机物污染在水相和生物体之间的两相分配过程，该模型在有机物的富集研究中也得到很好的应用。如有研究者采用两相模型阐述了丁基锡和苯基锡在摇蚊虫上的吸收和代谢规律，并利用该模型很好地拟合了三苯基氢氧化锡在鱼上的富集和释放动力学过程。

7.3.2.2　生物降解模型

生物降解性是评估环境有机物持久性的重要参数，而环境有机物大多在生物体内的降解都是通过酶催化反应进行，参与催化反应的酶主要有氧化还原酶、转移酶、水解酶、裂解酶、异构酶、合成酶[311]。在这些酶中细胞色素 P450 酶系是许多内源和外源性化合物的解毒剂，也被冠以为多功能氧化酶、加单氧酶、芳香烃氢化酶和药物代谢酶等名称，该酶几乎存在于所有的生物体内及所有的组织当中，对大部分动物来说肝脏中含量最高。大量研究表明细胞色素 P450 可通过脱烷基化作用、烷基的羟化作用、烯基的环氧化作用、烃基的氧化作用、氧化性脱卤、脱氨和脱氢作用催化多种有害污染物质如硝基芳烃化合物、PAHs 和除草剂的生物转化作用。目前只通过收集生物降解实验数据来反映环境有机物在生物体内的降解转化速率数据是不容易的。因此目前有许多相关研究重点也可以放在降解模型的建立，即利用生物、物理、化学等学科的知识和现代化的模拟、计算手段把一些多变的信息综合成生物降解动力学速率常数，建立有效的生物降解模型。

7.3.2.3 QSAR 模型

QSAR 是一种运用数学和统计学手段构建物质结构与其活性之间的函数关系的方法，该模型最早应用于药物化学领域的分子模拟与药物设计。后来研究者通过建立污染物分子结构参数与活性参数或环境行为参数的定量结构-活性关系模型，对已知污染物的环境行为研究提供参考，对结构相似的未知污染物的环境行为做出合理的预测[312]。该模型具有花费小、耗时短、预测能力强等优点，已经成为一个解决数据需求的有效可行的途径。目前在生物富集、生物降解和生物效应等生物毒性评价中很多都用到了 QSAR 模型。此外，QSAR 可以弥补有机物环境行为与生态毒理数据的缺失，可以大幅度降低实验费用，有助于减少和替代实验（尤其是动物实验）。具有明确机理的 QSAR 有助于评价实验数据的不确定性。目前利用 QSAR 对 PFAAs、OPEs、PAHs 和有机汞生物毒性效应的研究较多，因此，QSAR 技术对于有机污染物的生态风险性具有重要意义。目前 QSAR 是构效关系领域的重点和前沿。

第8章

结论与展望

8.1 结论

本书从生物靶点氨基酸脱羧酶和二胺氧化酶出发，筛选环境污染物与这两类酶蛋白的选择性作用，系统研究了 PFAAs、OPEs、有机汞和 PAHs 与氨基酸脱羧酶和二胺氧化酶的相互作用，并在细胞水平进一步验证这种相互作用所引发的生物效应，它将为污染物致毒致病分子机理的阐释提供依据。

① 以 CB7/Dapoxyl 超分子荧光传感体系为基础，利用酶催化产物和荧光探针与大环主体 CB7 之间的竞争结合，研究了 16 种 PFAAs 与赖氨酸脱羧酶（LDC）的相互作用。荧光结果显示 PFAAs 能够抑制 LDC 的活性，且抑制作用具有一定的规律性。对于 PFCAs 来说，随着碳链长度的增加抑制效应逐渐增强，18 个碳的 PFOcDA 抑制效应最强；PFSAs 也具有同样的规律即 PFOS 的抑制效应最强；而且磺酸的抑制作用要强于羧酸。进一步分析其构效关系，发现 PFAAs 对 LDC 的抑制作用与其分子疏水性及碳链长度呈正相关性。此外，PFAAs 的结合能够改变酶蛋白的构象且 PFAAs 能够在细胞内抑制 LDC 的活性，并最终引起细胞内尸胺含量的显著降低。

② 通过建立以 CB7/AO 信号传导单元为基础的荧光法实时监测了 LDC 的活性，发现该体系能较大程度地减少酶的用量。在此基础上研究了 12 种 OPEs 与 LDC 的相互作用。结果显示所测 OPEs 中，芳香取代和氯代烷基取代的 OPEs 对 LDC 活性具有抑制作用，且芳香取代

OPEs 的抑制效应要强于氯代烷基取代 OPEs。而烷基链取代 OPEs 无抑制效应。进一步通过细胞实验证实，发现这 6 种 OPEs 也能够抑制细胞内 LDC 活性，从而引发后续尸胺含量的降低。通过分子对接研究 OPEs 与 LDC 的结合方式，发现 OPEs 在 LDC 结合口袋中不同的结合位置以及成键残基的差异导致其抑制效应的差异。

③ 以 CB7/AO 超分子荧光开关体系首先在分子水平上研究了 3 种有机汞与 ADC 的相互作用，结果发现只有 MeHg 对 ADC 具有抑制作用，且抑制强度为 nmol/L 级。同时在细胞水平上研究有机汞对精氨酸脱羧酶 mRNA 转录、蛋白表达、酶活性的影响，以及全细胞胍丁胺水平的变化。发现这 3 种有机汞可在细胞内不同程度地抑制 ADC 活性，并在 mRNA 水平和蛋白水平明显诱导 ADC 上调表达。

④ 通过高效液相色谱法在分子水平上考察了 7 种代表性的 PAHs（NaP、PhA、AnT、Pyr、BaA、BaP、DbA）与二胺氧化酶（DAO）的相互作用。结果显示所测的 PAHs 对 DAO 有不同程度的抑制作用，其中 DbA 的抑制效应最强。此外发现这些抑制效应的强弱主要依赖于 PAHs 的疏水性和苯环数目。由分子对接结果得出抑制作用的不同是由结合模式以及 PAHs 的尺寸和疏水性特性决定的。在非致死剂量下 7 种 PAHs 在 A549 细胞内可明显抑制 DAO 活性。

⑤ 对目前环境有机污染物的预处理及分析方法以及毒性测试方法和预测模型进行了综述。其中环境有机污染物的预处理主要包括萃取法、静态顶空进样技术、吹扫捕集进样技术、索氏抽提法、超声波提取法、凝胶渗透色谱法等。萃取法又可分为液液萃取、固相萃取、固相微萃取、基体分散固相萃取技术、膜萃取技术、加速溶剂萃取法、微波萃取法和超临界流体萃取法；目前已有的分析测试方法主要包括色谱法和色谱-质谱联用技术；毒性测试主要包括发光细菌毒性测试、植物检测法、胚胎急性毒性测试和 SABC 免疫组织化学方法；主要毒性预测模型有生物富集、生物降解和 QSAS 模型。

8.2 创新点

① 本书系统筛查了多种有毒污染物与氨基酸脱羧酶和二胺氧化酶

的选择性作用。首次获得了 PFAAs、OPEs、有机汞类物质对氨基酸脱羧酶活性以及 PAHs 对二胺氧化酶的半抑制浓度和抑制常数。为污染物毒性作用新靶点及污染物对氨基酸脱羧酶和二胺氧化酶（DAO）毒性作用的数据库提供了实验数据。

② 深入探讨了污染物的抑制作用机制，采用分子对接技术对酶蛋白与污染物的相互作用进行模拟对接，获得了其可能的结合位点、成键残基等。

8.3　不足与展望

本书在初步筛查环境污染物生物靶点的研究取得一定的结论，但仍有不足之处，今后主要在以下两方面进一步深入研究。

① 本书在筛查污染物的生物靶点时，缺乏细胞水平污染物与酶蛋白直接结合的证据，后续将把免疫沉淀技术和 HPLC/ESI-MS-MS 相结合，分析和定量检测细胞内污染物与酶蛋白形成的复合物，为污染物生物新靶点提供有说服力的证据。

② 本书在细胞暴露污染物后检测了酶活性及其催化产物的含量变化等生理指标，但是这种污染物抑制酶活性作用模式是否是污染物致毒的分子机制，我们仍不能给出最直接的结论。要解决这个问题，我们拟将高表达该酶的细胞与正常表达该酶的细胞在同样暴露条件下比较细胞毒性效应（如细胞活性的变化）的差异。

◆ 参考文献 ◆

[1] Giesy, J. P. , Kannan, K. Peer reviewed: perfluorochemical surfactants in the environment. Environmental Science & Technology, 2002, 36 (7): 146A-152A.

[2] 史亚利, 潘媛媛, 王杰明, 蔡亚岐. 全氟化合物的环境问题. 化学进展, 2009, 21 (2/3): 369-376.

[3] Prevedouros, K. , Cousins, I. T. , Buck, R. C. , and Korzeniowski, S. H. Sources, fate and transport of perfluorocarboxylates. Environmental Science & Technology, 2006, 40 (1): 32-44.

[4] Lau, C. , Anitole, K. , Hodes, C. , Lai, D. , Pfahles-Hutchens, A. , and Seed, J. Perfluoroalkyl acids: a review of monitoring and toxicological findings. Toxicological Sciences, 2007, 99 (2): 366-394.

[5] Chen, C. , Lu, Y. , Zhang, X. , Geng, J. , Wang, T. , Shi, Y. , Hu, W. , and Li, J. A review of spatial and temporal assessment of PFOS and PFOA contamination in China. Chemistry and Ecology, 2009, 25 (3): 163-177.

[6] Paul, A. G. , Jones, K. C. , and Sweetman, A. J. A first global production, emission, and environmental inventory for perfluorooctane sulfonate. Environmental Science & Technology, 2008, 43 (2): 386-392.

[7] Lim, T. C. , Wang, B. , Huang, J. , Deng, S. , and Yu, G. Emission inventory for PFOS in China: review of past methodologies and suggestions. Scientific World Journal, 2011, 11: 1963-1980.

[8] Yamashita, N. , Kannan, K. , Taniyasu, S. , Horii, Y. , Petrick, G. , and Gamo, T. A global survey of perfluorinated acids in oceans. Marine Pollution Bulletin, 2005, 51 (8-12): 658-668.

[9] Taniyasu, S. , Kannan, K. , Horii, Y. , Hanari, N. , and Yamashita, N. A survey of perfluorooctane sulfonate and related perfluorinated organic compounds in water, fish, birds, and humans from Japan. Environmental Science & Technology, 2003, 37 (12): 2634-2639.

[10] Kannan, K. , Tao, L. , Sinclair, E. , Pastva, S. D. , Jude, D. J. , and Giesy, J. P. Perfluorinated compounds in aquatic organisms at various trophic levels in a

Great Lakes food chain. Archives of Environmental Contamination and Toxicology, 2005, 48（4）: 559-566.

[11] Emmett, E. A., Shofer, F. S., Zhang, H., Freeman, D., Desai, C., and Shaw, L. M. Community exposure to perfluorooctanoate: relationships between serum concentrations and exposure sources. Journal of Occupational and Environmental Medicine/American College of Occupational and Environmental Medicine, 2006, 48（8）: 759.

[12] Harada, K., Nakanishi, S., Sasaki, K., Furuyama, K., Nakayama, S., Saito, N., Yamakawa, K., and Koizumi, A. Particle size distribution and respiratory deposition estimates of airborne perfluorooctanoate and perfluorooctanesulfonate in Kyoto area, Japan. Bulletin of Environmental Contamination and Toxicology, 2006, 76（2）: 306-310.

[13] Barton, C. A., Butler, L. E., Zarzecki, C. J., Flaherty, J., and Kaiser, M. Characterizing Perfluorooctanoate in Ambient Air near the Fence Line of a Manufacturing Facility: Comparing Modeled and Monitored Values. Journal of the Air & Waste Management Association, 2006, 56（1）: 48-55.

[14] Martin, J. W., Muir, D. C., Moody, C. A., Ellis, D. A., Kwan, W. C., Solomon, K. R., and Mabury, S. A. Collection of airborne fluorinated organics and analysis by gas chromatography/chemical ionization mass spectrometry. Analytical Chemistry, 2002, 74（3）: 584-590.

[15] Shoeib, M., Harner, T., Wilford, B. H., Jones, K. C., and Zhu, J. Perfluorinated sulfonamides in indoor and outdoor air and indoor dust: occurrence, partitioning, and human exposure. Environmental Science & Technology, 2005, 39（17）: 6599-6606.

[16] Boulanger, B., Vargo, J. D., Schnoor, J. L., and Hornbuckle, K. C. Evaluation of perfluorooctane surfactants in a wastewater treatment system and in a commercial surface protection product. Environmental Science & Technology, 2005, 39（15）: 5524-5530.

[17] Young, C. J., Furdui, V. I., Franklin, J., Koerner, R. M., Muir, D. C., and Mabury, S. A., Perfluorinated acids in arctic snow: new evidence for atmospheric formation. Environmental Science & Technology, 2007, 41（10）: 3455-3461.

[18] Martin, J. W., Smithwick, M. M., Braune, B. M., Hoekstra, P. F., Muir, D. C., and Mabury, S. A. Identification of long-chain perfluorinated acids in biota from the Canadian Arctic. Environmental Science & Technology, 2004, 38（2）: 373-380.

11a

[19] Calafat, A. M. , Ye, X. , Silva, M. J. , Kuklenyik, Z. , and Needham, L. L. Human exposure assessment to environmental chemicals using biomonitoring. International Journal of Andrology, 2006, 29 (1): 166-171.

[20] Trudel, D. , Horowitz, L. , Wormuth, M. , Scheringer, M. , Cousins, I. T. , and Hungerbuhler, K. Estimating consumer exposure to PFOS and PFOA. Risk Analysis, 2008, 28 (2): 251-269.

[21] Haug, L. S. , Thomsen, C. , Brantsaeter, A. L. , Kvalem, H. E. , Haugen, M. , Becher, G. , Alexander, J. , Meltzer, H. M. , and Knutsen, H. K. Diet and particularly seafood are major sources of perfluorinated compounds in humans. Environment International, 2010, 36 (7): 772-778.

[22] Kannan, K. , Corsolini, S. , Falandysz, J. , Fillmann, G. , Kumar, K. S. , Loganathan, B. G. , Mohd, M. A. , Olivero, J. , Wouwe, N. V. , and Yang, J. H. Perfluorooctanesulfonate and related fluorochemicals in human blood from several countries. Environmental Science & Technology, 2004, 38 (17): 4489-4495.

[23] Yeung, L. W. , So, M. , Jiang, G. , Taniyasu, S. , Yamashita, N. , Song, M. , Wu, Y. , Li, J. , Giesy, J. , and Guruge, K. Perfluorooctanesulfonate and related fluorochemicals in human blood samples from China. Environmental Science & Technology, 2006, 40 (3): 715-720.

[24] Karrman, A. , van Bavel, B. , Jarnberg, U. , Hardell, L. , and Lindstrom, G. Perfluorinated chemicals in relation to other persistent organic pollutants in human blood. Chemosphere, 2006, 64 (9): 1582-1591.

[25] Apelberg, B. J. , Goldman, L. R. , Calafat, A. M. , Herbstman, J. B. , Kuklenyik, Z. , Heidler, J. , Needham, L. L. , Halden, R. U. , and Witter, F. R. Determinants of fetal exposure to polyfluoroalkyl compounds in Baltimore, Maryland. Environmental Science & Technology, 2007, 41 (11): 3891-3897.

[26] Guruge, K. S. , Taniyasu, S. , Yamashita, N. , Wijeratna, S. , Mohotti, K. M. , Seneviratne, H. R. , Kannan, K. , Yamanaka, N. , and Miyazaki, S. Perfluorinated organic compounds in human blood serum and seminal plasma: a study of urban and rural tea worker populations in Sri Lanka. Journal of Environmental Monitoring, 2005, 7 (4): 371-377.

[27] Inoue, K. , Okada, F. , Ito, R. , Kato, S. , Sasaki, S. , Nakajima, S. , Uno, A. , Saijo, Y. , Sata, F. , Yoshimura, Y. , Kishi, R. , and Nakazawa, H. Perfluorooctane Sulfonate (PFOS) and Related Perfluorinated Compounds in Human Maternal and Cord Blood Samples: Assessment of PFOS Exposure in a Susceptible Population during Pregnancy. Environmental Health Perspectives, 2004, 112

（11）: 1204-1207.

[28] Karrman, A., Ericson, I., van Bavel, B., Darnerud, P.O., Aune, M., Glynn, A., Lignell, S., and Lindstrom, G. Exposure of perfluorinated chemicals through lactation: levels of matched human milk and serum and a temporal trend, 1996-2004, in Sweden. Environmental Health Perspect, 2007, 115（2）: 226-230.

[29] Kuklenyik, Z., Reich, J.A., Tully, J.S., Needham, L.L., and Calafat, A.M. Automated solid-phase extraction and measurement of perfluorinated organic acids and amides in human serum and milk. Environmental Science & Technology, 2004, 38（13）: 3698-3704.

[30] Midasch, O., Drexler, H., Hart, N., Beckmann, M.W., and Angerer, J. Transplacental exposure of neonates to perfluorooctanesulfonate and perfluorooctanoate: a pilot study. International Archives of Occupational and Environmental Health, 2007, 80（7）: 643-648.

[31] Olsen, G.W., Hansen, K.J., Stevenson, L.A., Burris, J.M., and Mandel, J.H. Human donor liver and serum concentrations of perfluorooctanesulfonate and other perfluorochemicals. Environmental Science & Technology, 2003, 37（5）: 888-891.

[32] So, M.K., Yamashita, N., Taniyasu, S., Jiang, Q., Giesy, J.P., Chen, K., and Lam, P.K.S. Health risks in infants associated with exposure to perfluorinated compounds in human breast milk from Zhoushan, China. Environmental Science & Technology, 2006, 40（9）: 2924-2929.

[33] Maestri, L., Negri, S., Ferrari, M., Ghittori, S., Fabris, F., Danesino, P., and Imbriani, M. Determination of perfluorooctanoic acid and perfluorooctanesulfonate in human tissues by liquid chromatography/single quadrupole mass spectrometry. Rapid Communications in Mass Spectrometry, 2006, 20（18）: 2728-2734.

[34] Stahl, T., Mattern, D., and Brunn, H. Toxicology of perfluorinated compounds. Environmental Sciences Europe, 2011, 23（1）: 1-52.

[35] Chang, S.C., Das, K., Ehresman, D.J., Ellefson, M.E., Gorman, G.S., Hart, J.A., Noker, P.E., Tan, Y.M., Lieder, P.H., Lau, C., Olsen, G.W., and Butenhoff, J.L. Comparative pharmacokinetics of perfluorobutyrate in rats, mice, monkeys, and humans and relevance to human exposure via drinking water. Toxicological Sciences, 2008, 104（1）: 40-53.

[36] Lou, I., Wambaugh, J.F., Lau, C., Hanson, R.G., Lindstrom, A.B., Strynar, M.J., Zehr, R.D., Setzer, R.W., and Barton, H.A. Modeling single and

repeated dose pharmacokinetics of PFOA in mice. Toxicological Sciences, 2009, 107（2）: 331-341.

[37] Olsen, G. W., Butenhoff, J. L., and Zobel, L. R. Perfluoroalkyl chemicals and human fetal development: an epidemiologic review with clinical and toxicological perspectives. Reproductive Toxicology, 2009, 27（3-4）: 212-230.

[38] Lau, C., Thibodeaux, J. R., Hanson, R. G., Narotsky, M. G., Rogers, J. M., Lindstrom, A. B., and Strynar, M. J. Effects of perfluorooctanoic acid exposure during pregnancy in the mouse. Toxicological Sciences, 2006, 90（2）: 510-518.

[39] Hundley, S., Sarrif, A., and Kennedy Jr, G. Absorption, distribution, and excretion of ammonium perfluorooctanoate（APFO）after oral administration to various species. Drug and Chemical Toxicology, 2006, 29（2）: 137-145.

[40] Glaza, S. Acute oral toxicity study of T-6669 in rats. Corning Hazalton Inc. CHW, 1997, 61001760.

[41] Klaunig, J. E., Babich, M. A., Baetcke, K. P., Cook, J. C., Corton, J. C., David, R. M., DeLuca, J. G., Lai, D. Y., McKee, R. H., and Peters, J. M. PPAR α agonist-induced rodent tumors: modes of action and human relevance. CRC Critical Reviews in Toxicology, 2003, 33（6）: 655-780.

[42] Sohlenius, A. K., Eriksson, A. M., Hogstrom, C., Kimland, M., and DePierre, J. W. Perfluorooctane sulfonic-acid is a potent inducer of peroxisomal fatty-acid beta-oxidation and other activities known to be affected by peroxisome proliferators in mouse-liver. Pharmacology & Toxicology, 1993, 72（2）: 90-93.

[43] Rosen, M. B., Schmid, J. E., Das, K. P., Wood, C. R., Zehr, R. D., and Lau, C. Gene expression profiling in the liver and lung of perfluorooctane sulfonate-exposed mouse fetuses: comparison to changes induced by exposure to perfluorooctanoic acid. Reproductive Toxicology, 2009, 27（3）: 278-288.

[44] Ren, H., Vallanat, B., Nelson, D. M., Yeung, L. W., Guruge, K. S., Lam, P. K., Lehman-McKeeman, L. D., and Corton, J. C. Evidence for the involvement of xenobiotic-responsive nuclear receptors in transcriptional effects upon perfluoroalkyl acid exposure in diverse species. Reproductive Toxicology, 2009, 27（3）: 266-277.

[45] Bjork, J., Butenhoff, J., and Wallace, K. Multiplicity of nuclear receptor activation by PFOA and PFOS in primary human and rodent hepatocytes. Toxicology, 2011, 288（1）: 8-17.

[46] Bijland, S., Rensen, P. C., Pieterman, E. J., Maas, A. C., van der Hoorn, J. W., Van Erk, M. J., Havekes, L. M., van Dijk, K. W., Chang, S.-C., and

Ehresman, D. J. Perfluoroalkyl Sulfonates Cause Alkyl Chain Length-Dependent Hepatic Steatosis and Hypolipidemia Mainly by Impairing Lipoprotein Production in APOE* 3-Leiden. CETP Mice. Toxicological Sciences, 2011: 281-289.

[47] Heuvel, J. P. V. , Thompson, J. T. , Frame, S. R. , and Gillies, P. J. Differential activation of nuclear receptors by perfluorinated fatty acid analogs and natural fatty acids: a comparison of human, mouse, and rat peroxisome proliferator-activated receptor-α, -β, and-γ, liver X receptor-β, and retinoid X receptor-α. Toxicological Sciences, 2006, 92 (2): 476-489.

[48] Wolf, C. J. , Takacs, M. L. , Schmid, J. E. , Lau, C. , and Abbott, B. D. Activation of mouse and human peroxisome proliferator- activated receptor alpha by perfluoroalkyl acids of different functional groups and chain lengths. Toxicological Sciences, 2008, 106 (1): 162-171.

[49] Takacs, M. L. and Abbott, B. D. Activation of mouse and human peroxisome proliferator-activated receptors (α, β / δ, γ) by perfluorooctanoic acid and perfluorooctane sulfonate. Toxicological Sciences, 2007, 95 (1): 108-117.

[50] Wolf, D. C. , Moore, T. , Abbott, B. D. , Rosen, M. B. , Das, K. P. , Zehr, R. D. , Lindstrom, A. B. , Strynar, M. J. , and Lau, C. Comparative hepatic effects of perfluorooctanoic acid and WY 14,643 in PPAR-α knockout and wild-type mice. Toxicologic Pathology, 2008, 36 (4): 632-639.

[51] Shipley, J. M. , Hurst, C. H. , Tanaka, S. S. , DeRoos, F. L. , Butenhoff, J. L. , Seacat, A. M. , and Waxman, D. J. Trans-activation of PPARα and induction of PPARα target genes by perfluorooctane-based chemicals. Toxicological Sciences, 2004, 80 (1): 151-160.

[52] Rosen, M. B. , Schmid, J. R. , Corton, J. C. , Zehr, R. D. , Das, K. P. , Abbott, B. D. , and Lau, C. Gene Expression Profiling in Wild-Type and PPARa-Null Mice Exposed to Perfluorooctane Sulfonate Reveals PPARa-Independent Effects, 2010.

[53] Cattley, R. C. , Miller, R. T. , and Corton, J. C. Peroxisome proliferators: potential role of altered hepatocyte growth and differentiation in tumor development. Progress in Clinical and Biological Research, 1994, 391: 295-303.

[54] Eriksen, K. T. , Raaschou-Nielsen, O. , Sørensen, M. , Roursgaard, M. , Loft, S. , and Møller, P. Genotoxic potential of the perfluorinated chemicals PFOA, PFOS, PFBS, PFNA and PFHxA in human HepG2 cells. Mutation Research/Genetic Toxicology and Environmental Mutagenesis, 2010, 700 (1): 39-43.

[55] Lau, C. , Butenhoff, J. L. , and Rogers, J. M. The developmental toxicity of perfluoroalkyl acids and their derivatives. Toxicology and Applied Pharmacology,

2004, 198（2）: 231-241.

[56] Yang, Q., Abedi-Valugerdi, M., Xie, Y., Zhao, X.-Y., Möller, G., Nelson, B. D., and DePierre, J. W. Potent suppression of the adaptive immune response in mice upon dietary exposure to the potent peroxisome proliferator, perfluorooctanoic acid. International Immunopharmacology, 2002, 2（2）: 389-397.

[57] Yang, Q., Xie, Y., Alexson, S. E., Nelson, B. D., and DePierre, J. W. Involvement of the peroxisome proliferator-activated receptor alpha in the immunomodulation caused by peroxisome proliferators in mice. Biochemical Pharmacology, 2002, 63（10）: 1893-1900.

[58] Yang, Q., Xie, Y., and Depierre, J. Effects of peroxisome proliferators on the thymus and spleen of mice. Clinical & Experimental Immunology, 2000, 122（2）: 219-226.

[59] Yang, Q., Xie, Y., Eriksson, A. M., Nelson, B. D., and DePierre, J. W. Further evidence for the involvement of inhibition of cell proliferation and development in thymic and splenic atrophy induced by the peroxisome proliferator perfluorooctanoic acid in mice. Biochemical Pharmacology, 2001, 62（8）: 1133-1140.

[60] Case, M. T., York, R. G., and Christian, M. S. Rat and rabbit oral developmental toxicology studies with two perfluorinated compounds. International Journal of Toxicology, 2000, 20（2）: 101-109.

[61] Luebker, D. J., Case, M. T., York, R. G., Moore, J. A., Hansen, K. J., and Butenhoff, J. L. Two-generation reproduction and cross-foster studies of perfluorooctanesulfonate（PFOS）in rats. Toxicology, 2005, 215（1）: 126-148.

[62] Lau, C., Thibodeaux, J. R., Hanson, R. G., Rogers, J. M., Grey, B. E., Stanton, M. E., Butenhoff, J. L., and Stevenson, L. A. Exposure to perfluorooctane sulfonate duringpregnancy in rat and mouse. II: Postnatal evaluation. Toxicological Sciences, 2003, 74（2）: 382-392.

[63] Thibodeaux, J. R., Hanson, R. G., Rogers, J. M., Grey, B. E., Barbee, B. D., Richards, J. H., Butenhoff, J. L., Stevenson, L. A., and Lau, C. Exposure to perfluorooctane sulfonate during pregnancy in rat and mouse. I: maternal and prenatal evaluations. Toxicological Sciences, 2003, 74（2）: 369-381.

[64] Abbott, B. D., Wolf, C. J., Schmid, J. E., Das, K. P., Zehr, R. D., Helfant, L., Nakayama, S., Lindstrom, A. B., Strynar, M. J., and Lau, C. Perfluorooctanoic acid-induced developmental toxicity in the mouse is dependent on expression of peroxisome proliferator-activated receptor-alpha. Toxicological Sciences, 2007, 98（2）: 571-581.

[65] Molina, E. D., Balander, R., Fitzgerald, S. D., Giesy, J. P., Kannan, K., Mitchell, R., and Bursian, S. J. Effects of air cell injection of perfluorooctane sulfonate before incubation on development of the white leghorn chicken (Gallus domesticus) embryo. Environmental Toxicology and Chemistry, 2006, 25 (1): 227-232.

[66] Newsted, J. L., Coady, K. K., Beach, S. A., Butenhoff, J. L., Gallagher, S., and Giesy, J. P. Effects of perfluorooctane sulfonate on mallard and northern bobwhite quail exposed chronically via the diet. Environmental Toxicology and Pharmacology, 2007, 23 (1): 1-9.

[67] Ankley, G. T., Kuehl, D. W., Kahl, M. D., Jensen, K. M., Linnum, A., Leino, R. L., and Villeneuve, D. A. Reproductive and developmental toxicity and bioconcentration of perfluorooctanesulfonate in a partial life-cycle test with the fathead minnow (Pimephales promelas). Environmental Toxicology and Chemistry, 2005, 24 (9): 2316-2324.

[68] Langley, A. E. and Pilcher, G. D. Thyroid, bradycardic and hypothermic effects of perfluoro-n-decanoic acid in rats. Journal of Toxicology and Environmental Health, Part A Current Issues, 1985, 15 (3-4): 485-491.

[69] Gutshall, D. M., Pilcher, G. D., and Langley, A. E. Effect of thyroxine supplementation on the response to perfluoro-normal-decanoic acid (PFDA) in rats. Journal of Toxicology and Environmental Health, 1988, 24 (4): 491-498.

[70] Weiss, J. M., Andersson, P. L., and Lamoree, M. H. Competitive binding of poly-and perfluorinated compounds to the thyroid hormone transport protein transthyretin. Toxicological Sciences, 2009, 109 (2): 206-216.

[71] Yu, W.-G., Liu, W., Jin, Y.-H., Liu, X.-H., Wang, F.-Q., Liu, L., and Nakayama, S. F. Prenatal and postnatal impact of perfluorooctane sulfonate (PFOS) on rat development: a cross-foster study on chemical burden and thyroid hormone system. Environmental Science & Technology, 2009, 43 (21): 8416-8422.

[72] Dallaire, R., Dewailly, É., Pereg, D., Dery, S., and Ayotte, P. Thyroid function and plasma concentrations of polyhalogenated compounds in Inuit adults. Environmental Health Perspect, 2009, 117 (9): 1380-1386.

[73] Lopez-Espinosa, M.-J., Mondal, D., Armstrong, B., Bloom, M. S., and Fletcher, T. Thyroid function and perfluoroalkyl acids in children living near a chemical plant. Environmental Health Perspectives, 2012, 120 (7): 1036.

[74] Melzer, D., Rice, N., Depledge, M. H., Henley, W. E., and Galloway, T. S. Association between serum perfluorooctanoic acid (PFOA) and thyroid disease in

the US National Health and Nutrition Examination Survey. Environmental Health Perspectives, 2010, 118（5）: 686-692.

[75] Rosenmai, A. K., Nielsen, F. K., Pedersen, M., Hadrup, N., Trier, X., Christensen, J. H., and Vinggaard, A. M. Fluorochemicals used in food packaging inhibit male sex hormone synthesis. Toxicology and Applied Pharmacology, 2013, 266（1）: 132-142.

[76] Zhao, B.; Chu, Y.; Hardy, D. O., Li, X.-K., and Ge, R.-S. Inhibition of 3 beta- and 17 beta-hydroxysteroid dehydrogenase activities in rat Leydig cells by perfluorooctane acid. Journal of Steroid Biochemistry and Molecular Biology, 2010, 118（1-2）: 13-17.

[77] Benninghoff, A. D., Bisson, W. H., Koch, D. C., Ehresman, D. J., Kolluri, S. K., and Williams, D. E. Estrogen-like activity of perfluoroalkyl acids in vivo and interaction with human and rainbow trout estrogen receptors in vitro. Toxicological Sciences, 2010: 379.

[78] Gao, Y., Li, X., and Guo, L. H. Assessment of estrogenic activity of perfluoroalkyl acids based on ligand-induced conformation state of human estrogen receptor. Environmental Science & Technology, 2012, 47（1）: 634-641.

[79] Barry, V., Winquist, A., and Steenland, K. Perfluorooctanoic acid（PFOA）exposures and incident cancers among adults living near a chemical plant. 2013, 121: 1313-1318.

[80] Steenland, K. and Woskie, S. Cohort mortality study of workers exposed to perfluorooctanoic acid. American Journal of Epidemiology, 2012, 176（10）: 909-917.

[81] Eriksen, K. T., Sørensen, M., McLaughlin, J. K., Lipworth, L., Tjønneland, A., Overvad, K., and Raaschou-Nielsen, O. Perfluorooctanoate and perfluorooctanesulfonate plasma levels and risk of cancer in the general Danish population. Journal of the National Cancer Institute, 2009, 101（8）: 605-609.

[82] Costa, G., Sartori, S., and Consonni, D. Thirty years of medical surveillance in perfluooctanoic acid production workers. Journal of Occupational and Environmental Medicine, 2009, 51（3）: 364-372.

[83] Emmett, E. A., Zhang, H., Shofer, F. S., Freeman, D., Rodway, N. V., Desai, C., and Shaw, L. M. Community exposure to perfluorooctanoate: relationships between serum levels and certain health parameters. Journal of Occupational and Environmental Medicine/American College of Occupational and Environmental Medicine, 2006, 48（8）: 771.

[84] Johansson, N., Fredriksson, A., and Eriksson, P. Neonatal exposure to perfluo-

rooctane sulfonate (PFOS) and perfluorooctanoic acid (PFOA) causes neurobe-
havioural defects in adult mice. Neurotoxicology, 2008, 29 (1) : 160-169.

[85] Hwu, C. M. and Lin, K. H. Uric acid and the development of hypertension. Medical
Science Review, 2010, 16 (10) : 224-230.

[86] Marklund, A. , Andersson, B. , and Haglund, P. Screening of organophosphorus
compounds and their distribution in various indoor environments. Chemosphere,
2003, 53 (9) : 1137-1146.

[87] Xiaowei, W. , Jingfu, L. , and Yongguang, Y. The Pollution Status and Research
Progress on Organophosphate Esters Flame Retardants. Science & Technology,
1997, 31 (10) : 2931-2936.

[88] Kannan, S. and Kishore, K. Absolute viscosity and density of trisubstituted phos-
phoric esters. Journal of Chemical & Engineering Data, 1999, 44 (4) : 649-655.

[89] Robak, W. , Apostoluk, W. , and Maciejewski, P. Analysis of liquid-liquid distri-
bution constants of nonionizable crown ethers and their derivatives. Analytica
Chimica Acta, 2006, 569 (1) : 119-131.

[90] David, M. and Seiber, J. Analysis of organophosphate hydraulic fluids in US Air
Force base soils. Archives of Environmental Contamination and Toxicology, 1999,
36 (3) : 235-241.

[91] Dodi, A. and Verda, G. Improved determination of tributyl phosphate degradation
products (mono-and dibutyl phosphates) by ion chromatography. Journal of Chro-
matography A, 2001, 920 (1) : 275-281.

[92] Lamouroux, C. , Virelizier, H. , Moulin, C. , Tabet, J. , and Jankowski, C. Di-
rect determination of dibutyl and monobutyl phosphate in a tributyl phosphate/ni-
tric aqueous-phase system by electrospray mass spectrometry. Analytical Chemis-
try, 2000, 72 (6) : 1186-1191.

[93] Stevens, R. , Van Es, D. S. , Bezemer, R. , and Kranenbarg, A. The structure-ac-
tivity relationship of fire retardant phosphorus compounds in wood. Polymer Degra-
dation and Stability, 2006, 91 (4) : 832-841.

[94] Saeger, V. W. , Hicks, O. , Kaley, R. G. , Michael, P. R. , Mieure, J. P. , and
Tucker, E. S. Environmental fate of selected phosphate esters. Environmental Sci-
ence & Technology, 1979, 13 (7) : 840-844.

[95] Muir, D. , Yarechewski, A. , and Grift, N. Environmental dynamics of phosphate
esters. III. Comparison of the bioconcentration of four triaryl phosphates by
fish. Chemosphere, 1983, 12 (2) : 155-166.

[96] Muir, D. , Grift, N. , and Solomon, J. Extraction and cleanup of fish, sediment,

and water for determination of triaryl phosphates by gas-liquid chromatography. Journal-Association of Official Analytical Chemists, 1981, 64（1）：79-84.

［97］ Carlsson, H., Nilsson, U., Becker, G., and östman, C. Organophosphate ester flame retardants and plasticizers in the indoor environment: Analytical methodology and occurrence. Environmental Science & Technology, 1997, 31（10）：2931-2936.

［98］ Kawagoshi, Y., Nakamura, S., and Fukunaga, I. Degradation of organophosphoric esters in leachate from a sea-based solid waste disposal site. Chemosphere, 2002, 48（2）：219-225.

［99］ Ishikawa, S., Taketomi, M., and Shinohara, R. Determination of trialkyl and triaryl phosphates in environmental samples. Water Research, 1985, 19（1）：119-125.

［100］ Bedient, P. B., Springer, N. K., Baca, E., Bouvette, T. C., Hutchins, S., and Tomson, M. B. Ground-water transport from wastewater infiltration. Journal of Environmental Engineering, 1983, 109（2）：485-501.

［101］ LeBel, G., Williams, D., and Benoit, F. Gas chromatographic determination of trialkyl/aryl phosphates in drinking water, following isolation using macroreticular resin. Journal of the Association of Official Analytical Chemists, 1981, 64（4）.

［102］ Möller, A., Xie, Z., Caba, A., Sturm, R. and Ebinghaus, R., Organophosphorus flame retardants and plasticizers in the atmosphere of the North Sea. Environmental Pollution, 2011, 159（12）：3660-3665.

［103］ Salamova, A., Ma, Y., Venier, M., and Hites, R. A. High levels of organophosphate flame retardants in the Great Lakes atmosphere. Environmental Science & Technology Letters, 2013, 1（1）：8-14.

［104］ Marklund, A., Andersson, B., and Haglund, P. Organophosphorus flame retardants and plasticizers in Swedish sewage treatment plants. Environmental Science & Technology, 2005, 39（19）：7423-7429.

［105］ Fries, E. and Püttmann, W. Occurrence of organophosphate esters in surface water and ground water in Germany. Journal of Environmental Monitoring, 2001, 3（6）：621-626.

［106］ Fries, E. and Püttmann, W. Monitoring of the three organophosphate esters TBP, TCEP and TBEP in river water and ground water（Oder, Germany）. Journal of Environmental Monitoring, 2003, 5（2）：346-352.

［107］ Cho, K. J., Hirakawa, T., Mukai, T., Takimoto, K., and Okada, M. Origin and stormwater runoff of TCP（tricresyl phosphate）isomers. Water Research, 1996, 30（6）：1431-1438.

[108] Paxus, N. Organic compounds in municipal landfill leachates. Water Science & Technology, 2000, 42（7-8）: 323-333.

[109] Andresen, J., Grundmann, A., and Bester, K. Organophosphorus flame retardants and plasticisers in surface waters. Science of the Total Environment, 2004, 332（1）: 155-166.

[110] Cao, S., Zeng, X., Song, H., Li, H., Yu, Z., Sheng, G., and Fu, J. Levels and distributions of organophosphate flame retardants and plasticizers in sediment from Taihu Lake, China. Environmental Toxicology and Chemistry, 2012, 31 （7）: 1478-1484.

[111] Solbu, K., Thorud, S., Hersson, M., Øvrebø, S., Ellingsen, D., Lundanes, E., and Molander, P. Determination of airborne trialkyl and triaryl organophosphates originating from hydraulic fluids by gas chromatography-mass spectrometry: Development of methodology for combined aerosol and vapor sampling. Journal of Chromatography A, 2007, 1161（1）: 275-283.

[112] Wensing, M., Uhde, E., and Salthammer, T. Plastics additives in the indoor environment—flame retardants and plasticizers. Science of the Total Environment, 2005, 339（1）: 19-40.

[113] Kemmlein, S., Hahn, O., and Jann, O. Emissions of organophosphate and brominated flame retardants from selected consumer products and building materials. Atmospheric Environment, 2003, 37（39）: 5485-5493.

[114] Stapleton, H. M., Klosterhaus, S., Eagle, S., Fuh, J., Meeker, J. D., Blum, A., and Webster, T. F. Detection of organophosphate flame retardants in furniture foam and US house dust. Environmental Science & Technology, 2009, 43 （19）: 7490-7495.

[115] Hartmann, P. C., Bürgi, D., and Giger, W. Organophosphate flame retardants and plasticizers in indoor air. Chemosphere, 2004, 57（8）: 781-787.

[116] Staaf, T. and Östman, C. Organophosphate triesters in indoor environments. Journal of Environmental Monitoring, 2005, 7（9）: 883-887.

[117] Marklund, A., Andersson, B., and Haglund, P. Organophosphorus flame retardants and plasticizers in air from various indoor environments. Journal of Environmental Monitoring, 2005, 7（8）: 814-819.

[118] Staaf, T. and östman, C. Indoor air sampling of organophosphate triesters using solid phase extraction（SPE）adsorbents. Journal of Environmental Monitoring, 2005, 7（4）: 344-348.

[119] Saito, I., Onuki, A., and Seto, H. Indoor organophosphate and polybrominated

flame retardants in Tokyo. Indoor Air, 2007, 17（1）: 28-36.

[120] Tollbäck, J., Tamburro, D., Crescenzi, C., and Carlsson, H. Air sampling with Empore solid phase extraction membranes and online single-channel desorption/ liquid chromatography/mass spectrometry analysis: Determination of volatile and semi-volatile organophosphate esters. Journal of Chromatography A, 2006, 1129 （1）: 1-8.

[121] Quintana, J. B., Rodil, R., López-Mahía, P., Muniategui-Lorenzo, S., and Prada-Rodríguez, D. Optimisation of a selective method for the determination of organophosphorous triesters in outdoor particulate samples by pressurised liquid extraction and large-volume injection gas chromatography-positive chemical ionisation-tandem mass spectrometry. Analytical and Bioanalytical Chemistry, 2007, 388（5-6）: 1283-1293.

[122] Osako, M., Kim, Y.-J., and Sakai, S.-I. Leaching of brominated flame retardants in leachate from landfills in Japan. Chemosphere, 2004, 57（10）: 1571-1579.

[123] Oved, T., Shaviv, A., Goldrath, T., Mandelbaum, R. T., and Minz, D. Influence of effluent irrigation on community composition and function of ammonia-oxidizing bacteria in soil. Applied and Environmental Microbiology, 2001, 67（8）: 3426-3433.

[124] Epstein, E., Taylor, J., and Chancy, R. Effects of sewage sludge and sludge compost applied to soil on some soil physical and chemical properties. Journal of Environmental Quality, 1976. 5（4）: 422-426.

[125] Passuello, A., Mari, M., Nadal, M., Schuhmacher, M., and Domingo, J. L. POP accumulation in the food chain: integrated risk model for sewage sludge application in agricultural soils. Environment International, 2010, 36（6）: 577-583.

[126] Regnery, J. and Püttmann, W. Organophosphorus flame retardants and plasticizers in rain and snow from Middle Germany. CLEAN-Soil, Air, Water, 2009, 37 （4-5）: 334-342.

[127] Mihajlovic, I., Miloradov, M. V., and Fries, E. Application of Twisselmann extraction, SPME, and GC-MS to assess input sources for organophosphate esters into soil. Environmental Science & Technology, 2011, 45（6）: 2264-2269.

[128] García-López, M., Rodríguez, I., and Cela, R. Pressurized liquid extraction of organophosphate triesters from sediment samples using aqueous solutions. Journal of Chromatography A, 2009, 1216（42）: 6986-6993.

[129] Meeker, J. D. and Stapleton, H. M. House dust concentrations of organophos-

phate flame retardants in relation to hormone levels and semen quality parameters. Environ Health Perspect, 2010, 118（3）: 318-323.

[130] Hughes, M., Edwards, B., Mitchell, C., and Bhooshan, B. In vitro dermal absorption of flame retardant chemicals. Food and Chemical Toxicology, 2001, 39（12）: 1263-1270.

[131] Burka, L., Sanders, J., Herr, D., and Matthews, H. Metabolism of tris（2-chloroethyl）phosphate in rats and mice. Drug Metabolism and Disposition, 1991, 19（2）: 443-447.

[132] Nomeir, A., Kato, S., and Matthews, H. The metabolism and disposition of tris （1, 3-dichloro-2-propyl）phosphate（Fyrol FR-2）in the rat. Toxicology and Applied Pharmacology, 1981, 57（3）: 401-413.

[133] Marzulli, F. N., Callahan, J. F., and Brown, D. Chemical Structure and Skin Penetrating Capacity of a Short Series of Organic Phosphates and Phosphoric Acid1. Journal of Investigative Dermatology, 1965. 44（5）: 339-344.

[134] LeBel, G. and Williams, D. Determination of organic phosphate triesters in human adipose tissue. Journal-Association of Official Analytical Chemists, 1983, 66 （3）: 691-699.

[135] LeBel, G. L., Williams, D. T., and Berard, D. Triaryl/alkyl phosphate residues in human adipose autopsy samples from six Ontario municipalities. Bulletin of Environmental Contamination and Toxicology, 1989, 43（2）: 225-230.

[136] Schindler, B. K., Förster, K., and Angerer, J. Quantification of two urinary metabolites of organophosphorus flame retardants by solid-phase extraction and gas chromatography-tandem mass spectrometry. Analytical and Bioanalytical Chemistry, 2009, 395（4）: 1167-1171.

[137] Schindler, B. K., Förster, K., and Angerer, J. Determination of human urinary organophosphate flame retardant metabolites by solid-phase extraction and gas chromatography-tandem mass spectrometry. Journal of Chromatography B, 2009, 877（4）: 375-381.

[138] Ma, Y., Cui, K., Zeng, F., Wen, J., Liu, H., Zhu, F., Ouyang, G., Luan, T., and Zeng, Z. Microwave-assisted extraction combined with gel permeation chromatography and silica gel cleanup followed by gas chromatography-mass spectrometry for the determination of organophosphorus flame retardants and plasticizers in biological samples. Analytica Chimica Acta, 2013, 786: 47-53.

[139] Hudec, T., Thean, J., Kuehl, D., and Dougherty, R. C. Tris（dichloropropyl）phosphate, a mutagenic flame retardant: frequent cocurrence in human seminal

plasma. Science, 1981, 211（4485）: 951-952.

[140] Öderlund, E. J., Nelson, S. D., and Dybing, E. Mutagenic Activation of Tris （2, 3-dibromopropyl）phosphate: The Role of Microsomal Oxidative Metabolism. Acta Pharmacologica et Toxicologica, 1979, 45（2）: 112-121.

[141] John Jr, L. S., Eldefrawi, M., and Lisk, D. Studies of possible absorption of a flame retardant from treated fabrics worn by rats and humans. Bulletin of Environmental Contamination and Toxicology, 1976. 15（2）: 192-197.

[142] Van Duuren, B. L., Loewengart, G., Seidman, I., Smith, A. C., and Melchionne, S. Mouse skin carcinogenicity tests of the flame retardants tris（2, 3-dibromopropyl）phosphate, tetrakis（hydroxymethyl）phosphonium chloride, and polyvinyl bromide. Cancer Research, 1978, 38（10）: 3236-3240.

[143] Prival, M. J., McCoy, E. C., Gutter, B., and Rosendranz, H. Tris（2, 3-dibromopropyl）phosphate: Mutagenicity of a widely used flame retardant. Science, 1977, 195（4273）: 76-78.

[144] IPCS. Tricresyl phosphate. Environmental Health Criteria 112. International Programme on Chemical Safety. , 1990.

[145] Tilson, H., Veronesi, B., McLamb, R., and Matthews, H. Acute exposure to tris（2-chloroethyl）phosphate produces hippocampal neuronal loss and impairs learning in rats. Toxicology and Applied Pharmacology, 1990, 106（2）: 254-269.

[146] NTP. NTP toxicology and carcinogenesis studies of tris（2-chloroethyl）phosphate （CAS No. 11596-8）in F344/N rats and B6C3F1 mice（gavage studies）. Program NT. TR 391, 1991a.

[147] MB, A. -D. Organophosphorus pesticides. In: Chang, L, Dyer, RS, eds. Neurological Disease and Therapy, 1995, New York, NY: Marcel Dekker, Inc., 419-473.

[148] Abou-Donia, M. B. and Lapadula, D. M. Mechanisms of organophosphorus ester-induced delayed neurotoxicity: type I and type II. Annual Review of Pharmacology and Toxicology, 1990, 30（1）: 405-440.

[149] Johannsen, F. R., Wright, P. L., Gordon, D. E., Levinskas, G. J., Radue, R. W., and Graham, P. R. Evaluation of delayed neurotoxicity and dose-response relationships of phosphate esters in the adult hen. Toxicology and Applied Pharmacology, 1977. 41（2）: 291-304.

[150] Johanson, C. E. Permeability and vascularity of the developing brain: cerebellum vs cerebral cortex. Brain Research, 1980, 190（1）: 3-16.

[151] Hou, W. -Y., Long, D. -X., and Wu, Y. -J. The homeostasis of phosphatidylcho-

line and lysophosphatidylcholine in nervous tissues of mice was not disrupted af-
ter administration of tri-o-cresyl phosphate. Toxicological Sciences, 2009: kfp068.

[152] Hou, W.-Y., Long, D.-X., Wang, H.-P., Wang, Q., and Wu, Y.-J. The ho-
meostasis of phosphatidylcholine and lysophosphatidylcholine was not disrupted
during tri-o-cresyl phosphate-induced delayed neurotoxicity in hens. Toxicology,
2008, 252 (1): 56-63.

[153] Dishaw, L. V., Powers, C. M., Ryde, I. T., Roberts, S. C., Seidler, F. J., Sl-
otkin, T. A., and Stapleton, H. M. Is the PentaBDE replacement, tris (1, 3-di-
chloro-2-propyl) phosphate (TDCPP), a developmental neurotoxicant? Studies in
PC12 cells. Toxicology and Applied Pharmacology, 2011, 256 (3): 281-289.

[154] Wang, Q., Lai, N., Wang, X., Guo, Y., Lam, P. K.-S., Lam, J. C., and
Zhou, B. Bioconcentration and Transfer of the Organophosphorous Flame Retardant 1,
3-dichloro 2-propyl phosphate (TDCPP) Causes Thyroid Endocrine Disruption and
Developmental Neurotoxicity in Zebrafish Larvae. Environmental Science & Tech-
nology, 2015, 49 (8): 5123-5132.

[155] Meeker, J. D. and Stapleton, H. M. House dust concentrations of organophos-
phate flame retardants in relation to hormone levels and semen quality parame-
ters. Environmental Health Perspect, 2010, 118 (3): 318-323.

[156] NTP. Final report on the reproductive toxicity of tris (2-chloroethyl) phosphate re-
production and fertility assessment in Swiss CD-1 mice when administered via ga-
vage. 1991b.

[157] Carlton, B., Basaran, A., Mezza, L., and Smith, M. Examination of the repro-
ductive effects of tricresyl phosphate administered to Long-Evans rats. Toxicolo-
gy, 1987. 46 (3): 321-328.

[158] Latendresse, J. R., Brooks, C. L., Flemming, C. D., and Capen, C. C. Repro-
ductive toxicity of butylated triphenyl phosphate and tricresyl phosphate fluids in
F344 rats. Fundamental and Applied Toxicology, 1994, 22 (3): 392-399.

[159] Chapin, R. E., George, J. D., and Lamb, J. C. Reproductive toxicity of tricresyl
phosphate in a continuous breeding protocol in Swiss (CD-1) mice. Toxicological
Sciences, 1988, 10 (2): 344-354.

[160] Latendresse, J. R., Azhar, S., Brooks, C., and Capen, C. Pathogenesis of chol-
esteryl lipidosis of adrenocortical and ovarian interstitial cells in F344 rats caused
by tricresyl phosphate and butylated triphenyl phosphate. Toxicology and Applied
Pharmacology, 1993, 122 (2): 281-289.

[161] Latendresse, J. R., Brooks, C. L., and Capen, C. C. Pathologic effects of butylat-

ed triphenyl phosphate-based hydraulic fluid and tricresyl phosphate on the adrenal gland, ovary, and testis in the Fischer-344 rat. Toxicologic Pathology, 1994, 22（4）: 341-352.

[162] Hardin, B. D., Schuler, R. L., Burg, J. R., Booth, G. M., Hazelden, K. P., MacKenzie, K. M., Piccirillo, V. J., and Smith, K. N. Evaluation of 60 chemicals in a preliminary developmental toxicity test. Teratogenesis, Carcinogenesis, and Mutagenesis, 1987. 7（1）: 29-48.

[163] Kawashima, K., Tanaka, S., Nakaura, S., Nagao, S., Endo, T., Onoda, K., Takanaka, A., and Omori, Y. Effect of oral administration of tris（2-chloroethyl）phosphate to pregnant rats on prenatal and postnatal development. Eisei Shikenjo hokoku. Bulletin of National Institute of Hygienic Sciences, 1982（101）: 55-61.

[164] Noda, T., Yamano, T., Shimizu, M., and Morita, S. Effects of tri-n-butyl phosphate on pregnancy in rats. Food and Chemical Toxicology, 1994, 32（11）: 1031-1036.

[165] Welsh, J. J., Collins, T. F., Whitby, K. E., Black, T. N., and Arnold, A. Teratogenic potential of triphenyl phosphate in Sprague-Dawley（Spartan）rats. Toxicology and Industrial Health, 1987. 3（3）: 357-369.

[166] Tyl, R. W., Gerhart, J. M., Myers, C. B., Marr, M. C., Brine, D. R., Seely, J. C., and Henrich, R. T. Two-generation reproductive toxicity study of dietary tributyl phosphate in CD rats. Toxicological Sciences, 1997, 40（1）: 90-100.

[167] McGee, S. P., Cooper, E. M., Stapleton, H. M., and Volz, D. C. Early zebrafish embryogenesis is susceptible to developmental TDCPP exposure. Environmental Health Perspectives, 2012, 120（11）: 1585.

[168] Camarasa, J. G. and Serra-Baldrich, E. Allergic contact dermatitis from triphenyl phosphate. Contact Dermatitis, 1992, 26（4）: 264-265.

[169] Carlsen, L., Andersen, K. E., and Elgsgaard, H. Triphenyl phosphate allergy from spectacle frames. Contact Dermatitis, 1986, 15（5）: 274-277.

[170] Saboori, A. M., Lang, D. M., and Newcombe, D. S. Structural requirements for the inhibition of human monocyte carboxylesterase by organophosphorus compounds. Chemico-Biological Interactions, 1991, 80（3）: 327-338.

[171] Hinton, D. M., Jessop, J. J., Arnold, A., Albert, R. H., and Hines, F. A., Evaluation of immunotoxicity in a subchronic feeding study of triphenyl phosphate. Toxicology and Industrial Health, 1987, 3（1）: 71-89.

[172] Banerjee, B., Saha, S., Ghosh, K., and Nandy, P. Effect of tricresyl phosphate on humoral and cell-mediated immune responses in albino rats. Bulletin of Envi-

ronmental Contamination and Toxicology, 1992, 49（2）：312-317.

［173］ Liu, X. , Ji, K. , and Choi, K. Endocrine disruption potentials of organophosphate flame retardants and related mechanisms in H295R and MVLN cell lines and in zebrafish. Aquatic Toxicology, 2012, 114: 173-181.

［174］ Crump, D. , Chiu, S. , and Kennedy, S. W. Effects of tris（1, 3-dichloro-2-propyl）phosphate and tris（1-chloropropyl）phosphate on cytotoxicity and mRNA expression in primary cultures of avian hepatocytes and neuronal cells. Toxicological Sciences, 2012: 015.

［175］ Farhat, A. , Crump, D. , Chiu, S. , Williams, K. L. , Letcher, R. J. , Gauthier, L. T. , and Kennedy, S. W. In ovo effects of two organophosphate flame retardants—TCPP and TDCPP—on pipping success, development, mRNA expression, and thyroid hormone levels in chicken embryos. Toxicological Sciences, 2013, 134（1）：92-102.

［176］ Ren, X. , Lee, Y. J. , Han, H. J. , and Kim, I. S. Effect of tris-（2-chloroethyl）-phosphate（TCEP）at environmental concentration on the levels of cell cycle regulatory protein expression in primary cultured rabbit renal proximal tubule cells. Chemosphere, 2008, 74（1）：84-88.

［177］ YOSHIDA, K. , NINOMIYA, S. , ESUMI, Y. , KUREBAYASHI, H. , MINEGISHI, K. , OHNO, Y. , and TAKAHASHI, A. Pharmacokinetic Study of Tris（2-chloroethyl）phosphate（TCEP）After Inhalation Exposure（Proceedings of the 22nd Symposium on Toxicology and Environmental Health）. 衛生化学, 1997, 43（1）：P9-P9.

［178］ Shi, X. , Garcia, G. E. , Neill, R. J. , and Gordon, R. K. TCEP treatment reduces proteolytic activity of BoNT/B in human neuronal SHSY - 5Y cells. Journal of Cellular Biochemistry, 2009, 107（5）：1021-1030.

［179］ Matthews, H. , Dixon, D. , Herr, D. , and Tilson, H. Subchronic Toxicity Studies Indicate that Tris（2-Chloroethyl）Phosphate Administration Results in Lesions in the Rat Hippocampus1. Toxicology and Industrial Health, 1990, 6（1）：1-15.

［180］ Matthews, H. , Eustis, S. , and Haseman, J. Toxicity and carcinogenicity of chronic exposure to tris（2-chloroethyl）phosphate. Toxicological Sciences, 1993, 20（4）：477-485.

［181］ Organization, W. H. Environmental Health Criteria 209 Fr Tcpat-Cp. World Health Organization, Geneva, Switzerland, 1998.

［182］ Commission, E. Eu Risk Assessment Report TCMP, TCPP, 2008, Eu Risk Assessment Report, Tris（2-chloro-1-methylethyl）phosphate, TCPP.

[183] Commission, E. Tris（2-chloro-1-（chloromethyl）ethyl）phosphate, TDCP, 2008, EU Risk Assessment Report.

[184] Osid, O. F. E. C. A. D. Initial Report For Siam4, Trimethyl Phosphate, Unep Publications, Tokyo, Japan. 1996.

[185] Ehc, W. H. O. Flame Retardants: Tris（2-Butoxyethyl）Phosphate, Tris（2-Ethylhexyl）Phosphate And Tetrakis（Hydroxymethyl）Phosphonium Salts, World Health Organization, Geneva, Switzerland. 2000.

[186] 许韫, 李积胜. 汞对人体健康的影响及其防治. 国外医学卫生学分册, 2005, 32（5）: 278-281.

[187] Clarkson, T. W. The three modern faces of mercury. Environmental Health Perspectives, 2002, 110（Suppl 1）: 11-23.

[188] Loseto, L. L., Siciliano, S. D., and Lean, D. R. Methylmercury production in High Arctic wetlands. Environmental Toxicology and Chemistry, 2004, 23（1）: 17-23.

[189] Doi, R., Kasamo, M., Ishikawa, M., and Shimizu, T. Factors influencing placental transfer of methylmercury in man. Bulletin of Environmental Contamination and Toxicology, 1984, 33（1）: 69-77.

[190] 林秀武. 20年来第二松花江甲基汞污染危害渔民健康的研究进展. 环境与健康杂志, 1995, 12（5）: 238-240.

[191] Clarkson, T. W. and Magos, L. The Toxicology of Mercury and its Chemical Compounds. CRC Critical Reviews in Toxicology, 2006, 36（8）: 609-662.

[192] Clarkson, T. W. The toxicology of mercury. Critical reviews in clinical laboratory sciences, 1997, 34（4）: 369-403.

[193] Seigneur, C., Vijayaraghavan, K., Lohman, K., Karamchandani, P., and Scott, C. Global source attribution for mercury deposition in the United States. Environmental Science & Technology, 2004, 38（2）: 555-569.

[194] 王起超, 沈文国. 中国燃煤汞排放量估算. 中国环境科学, 1999, 19（4）: 318-321.

[195] 李平, 冯新斌, 仇广乐. 贵州省务川汞矿区汞污染的初步研究. 环境化学, 2008, 27（1）: 96-99.

[196] Legrand, M., Arp, P., Ritchie, C., and Chan, H. M. Mercury exposure in two coastal communities of the Bay of Fundy, Canada. Environmental Research, 2005, 98（1）: 14-21.

[197] Cortes-Maramba, N., Reyes, J. P., Francisco-Rivera, A. T., Akagi, H., Sunio, R., and Panganiban, L. C. Health and environmental assessment of mercury exposure in a gold mining community in Western Mindanao, Philippines. Journal of

Environmental Management, 2006, 81（2）: 126-134.

[198] Li, Z., Wang, Q., and Luo, Y. Exposure of the urban population to mercury in Changchun city, Northeast China. Environmental Geochemistry and Health, 2006, 28（1-2）: 61-66.

[199] Jiang, G. B., Shi, J. B., and Feng, X. B. Mercury pollution in China. Environmental Science & Technology, 2006, 40（12）: 3672-3678.

[200] Ask, K., Akesson, A., Berglund, M., and Vahter, M. Inorganic mercury and methylmercury in placentas of Swedish women. Environmental Health Perspectives, 2002, 110（5）: 523-526.

[201] Cernichiari, E., Toribara, T. Y., Liang, L., Marsh, D. O., Berlin, M., Myers, G. J., Cox, C., Shamlaye, C. F., Choisy, O., and Davidson, P. The biological monitoring of mercury in the Seychelles study. Neurotoxicology, 1994, 16（4）: 613-628.

[202] Ekino, S., Susa, M., Ninomiya, T., Imamura, K., and Kitamura, T. Minamata disease revisited: an update on the acute and chronic manifestations of methyl mercury poisoning. Journal of the Neurological Sciences, 2007, 262（1）: 131-144.

[203] Eto, K., Marumoto, M., and Takeya, M. The pathology of methylmercury poisoning（Minamata disease）. Neuropathology, 2010, 30（5）: 471-479.

[204] Harada, M. Minamata disease: methylmercury poisoning in Japan caused by environmental pollution. CRC Critical Reviews in Toxicology, 1995, 25（1）: 1-24.

[205] Samson, J. C. and Shenker, J. The teratogenic effects of methylmercury on early development of the zebrafish, Danio rerio. Aquatic Toxicology, 2000, 48（2）: 343-354.

[206] Yang, L., Kemadjou, J. R., Zinsmeister, C., Bauer, M., Legradi, J., Müller, F., Pankratz, M., Jäkel, J., and Strähle, U. Transcriptional profiling reveals barcode-like toxicogenomic responses in the zebrafish embryo. Genome Biol, 2007, 8（10）: R227.

[207] Yang, L., Ho, N. Y., Müller, F., and Strähle, U. Methyl mercury suppresses the formation of the tail primordium in developing zebrafish embryos. Toxicological Sciences, 2010: 053.

[208] Samson, J. C., Goodridge, R., Olobatuyi, F., and Weis, J. S. Delayed effects of embryonic exposure of zebrafish（Daniorerio）to methylmercury（MeHg）. Aquatic Toxicology, 2001, 51（4）: 369-376.

[209] Verschaeve, L. and Leonard, A. Dominant lethal test in female mice treated with methyl mercury chloride. Mutation Research/Genetic Toxicology, 1984, 136（2）:

131-136.

[210] 李健, 刘苹. 甲基汞对大鼠仔代早期神经行为发育的影响. 中国行为医学科学, 2000, 9 (1): 1-3.

[211] Stoltenburg-Didinger, G. and Markwort, S. Prenatal methylmercury exposure results in dendritic spine dysgenesis in rats. Neurotoxicology and Teratology, 1990, 12 (6): 573-576.

[212] Florea, A.-M., Dopp, E., Obe, G., and Rettenmeier, A. Genotoxicity of organometallic species, in Organic Metal and Metalloid Species in the Environment. 2004, Springer: 205-219.

[213] Grotto, D., Barcelos, G. R., Valentini, J., Antunes, L. M., Angeli, J. P. F., Garcia, S. C., and Barbosa Jr, F. Low levels of methylmercury induce DNA damage in rats: protective effects of selenium. Archives of Toxicology, 2009, 83 (3): 249-254.

[214] Li, Y., Yin, X.-B., and Yan, X.-P. Recent advances in on-line coupling of capillary electrophoresis to atomic absorption and fluorescence spectrometry for speciation analysis and studies of metal-biomolecule interactions. Analytica Chimica Acta, 2008, 615 (2): 105-114.

[215] De Flora, S., Bennicelli, C., and Bagnasco, M. Genotoxicity of mercury compounds. A review. Mutation Research/Reviews in Genetic Toxicology, 1994, 317 (1): 57-79.

[216] Sørensen, N., Murata, K., Budtz-Jørgensen, E., Weihe, P., and Grandjean, P. Prenatal methylmercury exposure as a cardiovascular risk factor at seven years of age. Epidemiology, 1999: 370-375.

[217] Clarkson, T. W. The three modern faces of mercury. Environmental Health Perspectives, 2002, 110 (Suppl 1): 11-23.

[218] Nyland, J. F., Fillion, M., Barbosa Jr, F., Shirley, D. L., Chine, C., Lemire, M., Mergler, D., and Silbergeld, E. K. Biomarkers of methylmercury exposure immunotoxicity among fish consumers in Amazonian Brazil. Environmental Health Perspectives, 2011, 119 (12): 1733-1738.

[219] Shenker, B. J., Guo, T. L., and Shapiro, I. M. Low-Level Methylmercury Exposure Causes Human T-Cells to Undergo Apoptosis: Evidence of Mitochondrial Dysfunction. Environmental Research, 1998, 77 (2): 149-159.

[220] 王莉丽. 城市污水中多环芳烃的测定及其去除特性研究. 西安建筑科技大学, 2012.

[221] 赵世民. 滇池沉积物中多氯联苯、多环芳烃及重金属的污染特征研究. 昆明理工大学, 2015.

[222] 王尊波. 重庆青木关和老龙洞地下河流域多环芳烃的污染、来源和生态风险对比研究. 西南大学, 2016.

[223] 朱先磊. 大气颗粒物上多环芳烃源解析的研究. 南开大学, 2001.

[224] 王萌, 雷忻, 田鹏飞, 张静静, 程栋, 安鹏, 马万里. 多环芳烃对水生生物生殖毒性的研究进展. 延安大学学报（自然科学版）, 2017, 36: 98-101.

[225] 高颖, 高学文. 海水和海洋沉积物中多环芳烃分布的研究进展. 中国海运, 2018, 18: 100-101.

[226] 申松梅, 曹先仲, 宋艳辉, 刘颖, 绳珍, 覃路燕. 多环芳烃的性质及其危害. 贵州化工, 2008, 33: 61-63.

[227] 赵振华, 全文熠, 田德海. 人体接触环境中多环芳烃的生物指标-中国人尿中 1-羟基芘的含量. 人类环境杂志, 1995, 4: 226-230.

[228] 何兴舟. 室内燃煤空气污染与肺癌及遗传易感性. 实用肿瘤杂志, 2001, 169: 369-370.

[229] 贾鸿宁, 戴红. 多环芳烃的致癌性及其机制研究进展. 大连医科大学学报, 2009, 31: 604-607.

[230] 钟林燕, 谢勇平, 赖静萍. 3,4-苯并芘暴露对食蚊鱼生长发育的毒性影响. 江西农业学报, 2014, 26（4）: 94-97.

[231] 陈宏姗, 盛连喜, 边红枫. 化合物萘对斑马鱼（Danio raio）发育毒性及基因组 DNA 甲基化影响的研究. 东北师大学报, 2016, 48: 167-173.

[232] Kohler, H. R., Kloas, W., Schirling, M. Sex steroid receptor evolution and signaling in aquatic invertebrates. Ecotoxicology, 2007, 16（1）: 131-143.

[233] 王欣心, 金银龙. 多环芳烃遗传毒性研究进展. 环境与健康杂志, 2010, 27: 174-176.

[234] Buchet, J. P., Ferreira, Jr. M., Burrion, J. B., Leroy MSc, T., Kirsch-Volders M., Van Hummelen, P., Jacques, J., Cupers, L., Delavignette, J. P., Lauwerys, R. Tumor markers in serum, polyamines and modified nueleosides in urine, and cytogenetic aberrations in lymphocytes of workers exposed to polycyclic aromatic hydrocarbons. American journal of industrial medicine, 1995, 27（4）: 523-543.

[235] 冷曙光, 郑玉新, 戴宁飞. 焦炉工尿中 1-羟基芘水平与早期遗传学效应的关系. 中华预防医学杂志, 2003, 37（5）: 327-330.

[236] Toyooka, T., Ibuli, Y. New method for testing phototoxicity of polycyclic aromatic hydrocarbons. Environmental Science & Technology, 2006, 40: 3603-3608.

[237] 陈波, 胡云平, 金泰廙. 多环芳烃的肝脏毒性及其遗传易感性. 环境与职业医学, 2005, 22: 154-155, 183.

[238] Chen, S. Y., Wang, L. Y., Lunn, R. M., Tsai, W. Y., Lee, P. H., Lee, C. S., Ahsan, H., Zhang, Y. J., Chen, C. J., Santella, R. M. Polycyclic aromatic

hydrocarbon-DNA adducts in liver tissues of hepatocellular carcinoma patients and controls. International journal of cancer, 2002, 99（1）: 14-21.

[239] 夏文迪. 多环芳烃（PAHs）人体内暴露剂量与致癌风险研究, 中南大学, 2014.

[240] 冀晓莹, 高美丽. 苯并 [a] 芘神经毒性研究进展. 生态毒理学报, 2016, 11: 47-52.

[241] Hennig, A., Bakirci, H., and Nau, W. M. Label-free continuous enzyme assays with macrocycle-fluorescent dye complexes. Nature Methods, 2007, 4（8）: 629-632.

[242] Kanjee, U., Gutsche, I., Alexopoulos, E., Zhao, B., El Bakkouri, M., Thibault, G., Liu, K., Ramachandran, S., Snider, J., and Pai, E. F. Linkage between the bacterial acid stress and stringent responses: the structure of the inducible lysine decarboxylase. The EMBO Journal, 2011, 30（5）: 931-944.

[243] Cohen, S. S. A Guide to the Polyamines. Oxford Univ Press, New York, 1998.

[244] Tabor, C., Tabor, H., Tyagi, A., and Cohn, M. The biochemistry, genetics, and regulation of polyamine biosynthesis in Saccharomyces cerevisiae. in Federation proceedings. 1982, Federation of American Societies for Experimental Biology.

[245] Tabor, H., Hafner, E., and Tabor, C. Construction of an Escherichia coli strain unable to synthesize putrescine, spermidine, or cadaverine: characterization of two genes controlling lysine decarboxylase. Journal of Bacteriology, 1980, 144（3）: 952-956.

[246] Pendeville, H., Carpino, N., Marine, J. -C., Takahashi, Y., Muller, M., Martial, J. A., and Cleveland, J. L. The ornithine decarboxylase gene is essential for cell survival during early murine development. Molecular and Cellular Biology, 2001, 21（19）: 6549-6558.

[247] Lux, G., Marton, L. J., and Baylin, S. B. Ornithine decarboxylase is important in intestinal mucosal maturation and recovery from injury in rats. Science, 1980, 210（4466）: 195-198.

[248] Yarrington, J., Sprinkle, D., Loudy, D., Diekema, K., McCann, P., and Gibson, J. Intestinal changes caused by dl-α-difluoromethylornithine（DFMO）, an inhibitor of ornithine decarboxylase. Experimental and Molecular Pathology, 1983, 39（3）: 300-316.

[249] Wang, J. -Y. and Johnson, L. R. Luminal polyamines stimulate repair of gastric mucosal stress ulcers. American Journal of Physiology-Gastrointestinal and Liver Physiology, 1990, 259（4）: G584-G592.

[250] Wang, J. -Y. and Johnson, L. R. Polyamines and ornithine decarboxylase during repair of duodenal mucosa after stress in rats. Gastroenterology, 1991, 100（2）:

333-343.

[251] Babal, P. , Manuel, S. M. , Olson, J. W. , and Gillespie, M. N. Cellular disposition of transported polyamines in hypoxic rat lung and pulmonary arteries. American Journal of Physiology-Lung Cellular and Molecular Physiology, 2000, 278 (3): 610-617.

[252] Ahuja, V. , Abrams, J. , Tantry, U. , Park, J. , and Barbul, A. Effect of difluoromethylornithine, a chemotherapeutic agent, on wound healing. Journal of Surgical Research, 2003, 114 (2): 308-309.

[253] Humphreys, M. H. , Etheredge, S. B. , Lin, S. , Ribstein, J. , and Marton, L. J. Renal ornithine decarboxylase activity, polyamines, and compensatory renal hypertrophy in the rat. American Journal of Physiology-Renal Physiology, 1988, 255 (2): 270-277.

[254] MacKintosh, C. , Feith, D. , Shantz, L. , and Pegg, A. Overexpression of antizyme in the hearts of transgenic mice prevents the isoprenaline-induced increase in cardiac ornithine decarboxylase activity and polyamines, but does not prevent cardiac hypertrophy. Biochemical Journal, 2000, 350: 645-653.

[255] Calandra, R. , Rulli, S. , Frungieri, M. , Suescun, M. , and Gonzalez-Calvar, S. Polyamines in the male reproductive system. Acta physiologica, pharmacologica et therapeutica latinoamericana: organo de la Asociacion Latinoamericana de Ciencias Fisiologicasy [de] la Asociacion Latinoamericana de Farmacologia, 1995, 46 (4): 209-222.

[256] Guha, S. and Janne, J. Decarboxylation of ornithine and adenosylmethionine in rat ovary during pregnancy. Acta endocrinologica, 1976. 81 (4): 793-800.

[257] Berdinskikh, N. , Ignatenko, N. , Zaletok, S. , Ganina, K. , and Chorniy, V. Ornithine decarboxylase activity and polyamine content in adenocarcinomas of human stomach and large intestine. International journal of Cancer, 1991, 47 (4): 496-498.

[258] Min, S. H. , Simmen, R. C. , Alhonen, L. , Halmekytö, M. , Porter, C. W. , Jänne, J. , and Simmen, F. A. Altered levels of growth-related and novel gene transcripts in reproductive and other tissues of female mice overexpressing spermidine/spermine N 1-acetyltransferase (SSAT). Journal of Biological Chemistry, 2002, 277 (5): 3647-3657.

[259] Lefèvre, P. L. , Palin, M. -F. , and Murphy, B. D. Polyamines on the reproductive landscape. Endocrine reviews, 2011, 32 (5): 694-712.

[260] Paz, E. A. , Garcia-Huidobro, J. , and Ignatenkos, N. Polyamines in cancer. Ad-

vances in Clinical Chemistry, 2010, 54: 45-70.

[261] Bello-Fernandez, C., Packham, G., and Cleveland, J. L. The ornithine decarboxylase gene is a transcriptional target of c-Myc. Proceedings of the National Academy of Sciences, 1993, 90 (16): 7804-7808.

[262] Pena, A., Reddy, C., Wu, S., Hickok, N., Reddy, E. P., Yumet, G., Soprano, D., and Soprano, K. J. Regulation of human ornithine decarboxylase expression by the c-Myc. Max protein complex. Journal of Biological Chemistry, 1993, 268 (36): 27277-27285.

[263] Brzozowski, T., Konturek, S., Drozdowicz, D., Dembiński, A., and Stachura, J. Healing of chronic gastric ulcerations by L-arginine. Digestion, 1995, 56 (6): 463-471.

[264] Takigawa, M., Enomoto, M., Nishida, Y., Pan, H.-O., Kinoshita, A., and Suzuki, F. Tumor angiogenesis and polyamines: α-difluoromethylornithine, an irreversible inhibitor of ornithine decarboxylase, inhibits B16 melanoma-induced angiogenesis in ovo and the proliferation of vascular endothelial cells in vitro. Cancer research, 1990, 50 (13): 4131-4138.

[265] Gerner, E. W. and Meyskens, F. L. Polyamines and cancer: old molecules, new understanding. Nature Reviews Cancer, 2004, 4 (10): 781-792.

[266] Blethen, S. L., Boeker, E. A., and Snell, E. E. Arginine decarboxylase from Escherichia coli I. Purification and specificity for substrates and coenzyme. Journal of Biological Chemistry, 1968, 243 (8): 1671-1677.

[267] Soda, K. and Moriguchi, M. Crystalline lysine decarboxylase. Biochemical and Biophysical Research Communications, 1969, 34 (1): 34-39.

[268] Tanase, S., Guirard, B., and Snell, E. Purification and properties of a pyridoxal 5'-phosphate-dependent histidine decarboxylase from Morganella morganii AM-15. Journal of Biological Chemistry, 1985, 260 (11): 6738-6746.

[269] Phan, A. P. H., Ngo, T. T., and Lenhoff, H. M. Spectrophotometric assay for lysine decarbylase. Analytical Biochemistry, 1982, 120 (1): 193-197.

[270] Fonovic, M. and Bogyo, M. Activity based probes for proteases: applications to biomarker discovery, molecular imaging and drug screening. Current Pharmaceutical Design, 2007, 13 (3): 253-261.

[271] Steen, A. D., Gururaj, P., Ma, J., Blough, N. V., and Arnosti, C. Fluorescence anisotropy as a means to determine extracellular polysaccharide hydrolase activity in environmental samples. Analytical Biochemistry, 2008, 383 (2): 340-342.

[272] Praetorius, A., Bailey, D. M., Schwarzlose, T., and Nau, W. M. Design of a fluorescent dye for indicator displacement from cucurburils: A macrocycle-responsive fluorescent switch operating through ap K a shift. Organic letters, 2008, 10（18）: 4089-4092.

[273] Ghale, G., Ramalingam, V., Urbach, A. R., and Nau, W. M. Determining protease substrate selectivity and inhibition by label-free supramolecular tandem enzyme assays. Journal of the American Chemical Society, 2011, 133（19）: 7528-7535.

[274] 汤摇菲, 徐海涛, 贾克然. 二氧化酶的临床应用. 临床误诊误治, 2014, 27: 112-115.

[275] Wolvekamp, M. C. J., de Bruin, R. W. F. Diamine oxidase: An overview of historical, biochemical and functional aspects. Dig Dis, 1994, 12: 2-14.

[276] Rogers, M. S., Yim, S. F., Li, K. C., Wang, C. C. Arumanayagam M., Cervical intraepithelial neoplasia is associated with increased polyamine oxidase and diamine oxidase concentrations in cervical mucus. Gynecologic oncology, 2002, 84（3）: 383-387.

[277] 陈兴, 汤菲, 张文. 二胺氧化酶在乳腺肿瘤中表达的研究. 华北国防医药, 2006, 18（1）: 24-25.

[278] 易星, 莫远亮, 姜冬梅, 康波, 何辉, 马容. 多胺的生物学功能及其调控机制. 动物营养学报, 2014, 26（2）: 348-352.

[279] Zhang, L., Ren, X.-M., and Guo, L.-H. Structure-based investigation on the interaction of perfluorinated compounds with human liver fatty acid binding protein. Environmental science & technology, 2013, 47（19）: 11293-11301.

[280] Yang, J. T., Wu, C.-S. C., and Martinez, H. M. Calculation of protein conformation from circular dichroism, in Methods in Enzymology, S. N. T. C. H. W. Hirs, Editor. 1986, Academic Press: 208-269.

[281] Galston, A. W. and Sawhney, R. K. Polyamines in plant physiology. Plant Physiology, 1990, 94（2）: 406-410.

[282] Li, G., Regunathan, S., Barrow, C. J., Eshraghi, J., Cooper, R., and Reis, D. J. Agmatine: an endogenous clonidine-displacing substance in the brain. Science, 1994, 263（5149）: 966-969.

[283] Xu, S. L., Choi, R. C., Zhu, K. Y., Leung, K.-W., Guo, A. J., Bi, D., Xu, H., Lau, D. T., Dong, T. T., and Tsim, K. W. Isorhamnetin, a flavonol aglycone from Ginkgo biloba L., induces neuronal differentiation of cultured PC12 cells: potentiating the effect of nerve growth factor. Evidence-Based Complemen-

tary and Alternative Medicine, 2012.

[284] 饶竹. 环境有机污染物检测技术及其应用. 地质学报, 2011, 85（11）: 1948-1962.

[285] 张淑芳, 高秀元, 张丽君, 刘彩红, 韩庆莉. 大气全量多环芳烃采样器的研究. 中国环境监测, 1991, 7（5）: 34-39.

[286] 张淑芳. 大气环境中多环芳烃的存在状态及其采样装置的研究. 环境工程学报, 1991, 12（4）: 11-20.

[287] 李静, 王燕, 高昕, 赵仕兰, 杨文清. 大气气溶胶中多环芳烃的分析. 中国海洋大学学报（自然科学版）, 2003, 33（6）: 955-960.

[288] Spitzer, T., Dannecker, W. Membrance filters adsorbents for polynuclear aromatic hydrocarbons during high-volum sampling of air particulate mater. Analytical Chemistry, 1983, 55（14）: 2226-2228.

[289] Carlsson, H., Nilsson, U., Gerhard, B., Ostman, C. Organophosphate Ester Flame Retardants and Plasticizers in the Indoor Environment: Analytical Methodology and Occurrence. Environmental Science & Technology, 1997, 31（10）: 2931-2936.

[290] 彭金云, 韦良兴, 王乾登, 施意华, 韦山桃. 环境中有机汞分析方法综述. 广西民族师范学院学报, 2009, 26（4）: 123-127.

[291] Liu, Q., Shi, J., Zeng, L., Wang, T., Cai, Y., Jiang, G. Evaluation of graphene as an advantageous adsorbent for solid-phase extraction with chlorophenols as modelanalytes. Journal of Chromatography A, 2011, 1218（2）: 197-204.

[292] Wu, J., Chen, L., Mao, P., Lu, Y., Wang, H. Determination of chloramphenicol in aquatic products by graphene-based SPE coupled with HPLC-MS/MS. Journal of Separation Science, 2012, 35（24）: 3586-3592.

[293] Tabani, H., Fakhari, A.R., Shahsavani, A., Behbahani, M., Salarian, M., Bagheri, A., Nojavan, S. Combination of graphene oxide-based solid phase extraction and electro membrane extractionfor the preconcentration of chlorophenoxy acid herbicides in environmental samples. Journal of Chromatography A, 2013, 1300（1）: 227-235.

[294] Ye, N., Shi, P., Wang, Q., Li, J. Graphene as solid-phase extraction adsorbent for CZE determination of sulfonamide residues in meat samples. Chromatographia, 2013, 76（9/10）: 553-557.

[295] Chen, J., Zou, J., Zeng, J., Song, X., Ji, J., Wang, Y., Ha, J., Chen, X. Preparation and evaluation of graphene-coated solid-phase microextraction fiber. Analytica Chimica Acta, 2010, 678（1）: 44-49.

[296] 董丽君, 王伟, 许美玲, 许爱华. 微波辅助萃取气相色谱质谱法同时测定木制品中 3 种有机磷阻燃剂. 分析仪器, 2017, (3): 26-32.

[297] Gu, M. B., Chang, S. T. Soil biosensor for the detection of PAH toxicity using an immobilized recombinant bacterium and a biosurfactant. Biosensors & Bioelectronics, 2001, 16 (9): 667-674.

[298] Bispo, A., Jourdain, M. J., Jauzein, M. Toxicity and genotoxicity of industrial soils polluted by polycyclic aromatic hydrocarbons (PAHs). Organic Geochemistry, 1999, 30 (8): 947-952.

[299] 张金丽, 袁建军, 郑天凌, 席峰. Microtox 技术检测多环芳烃生物毒性的研究. 中国生态农业学报, 2004, 4: 68-71.

[300] Gu, M. B., Chang, S. T. Soil biosensor for the detection of PAH toxicity using an immobilized recombinant bacterium and a biosurfactant. Biosensors & Bioelectronics, 2001, 16 (9): 667-674.

[301] 江玉, 吴志宏, 韩秀荣, 张蕾, 王修林. 多环芳烃对海洋浮游植物的生物毒性研究. 海洋科学, 2002, 26 (1): 46-50.

[302] 高丹, 同帜, 张圣虎, 吉贵祥, 吴晟旻, 石利利. 4 种典型有机磷阻燃剂对斑马鱼胚胎毒性及风险评价. 生态与农村环境学, 2017, 33 (9): 836-844.

[303] 郑新梅, 冯政, 刘红玲, 于红霞. 典型全氟化合物对大型蚤和斑马鱼胚胎的毒性 [C]. 2010 暨第五届持久性有机污染物全国学术研讨会论文集, 2010.

[304] Pang, L., Liu, J., Yin, Y., Shen, M. Evaluating the sorption of organophosphate esters to different sourced humic acids and its effects on the toxicity to Daphnia magna. Environmental Toxicology & Chemistry, 2013, 32 (12): 2755-2761.

[305] Cristale, J., García Vázquez, A., Barata, C., Barata, C., Lacorte, S. Priority and emerging flame retardants in rivers: occurrence in water and sediment, Daphnia magna toxicity and risk assessment. Environment International, 2013, 59 (3): 232-243.

[306] Waaijers, S. L., Hartmann. J., Soeter, A. M., Helmus, Rick., Kools, S. A. E., de Voogt, P., Admiraal, W., Parsons, J. R., Kraak, M. H. S. Toxicity of new generation flame retardants to Daphnia magna. Science of the Total Environment, 2013, 463-464 (5): 1042-1048.

[307] 牛青盟, 杨家琳, 杨长安. 三邻甲苯磷酸酯暴发中毒 70 例临床分析. 陕西医学杂志, 2006, 35 (3): 369-371.

[308] 杨虹, 彭芳, 时京珍. 不同形式汞化合物对亚急性小鼠肾脏金属硫蛋白表达的影响. 贵阳中医学院学报, 2018, (6), 17-21.

［309］　贾艳平，李燕，周一兵，王永华. 有机污染物生物富集因子的预测模型. 大连水产学院学报，2008，23（4）：288-295.

［310］　肖小雨. 丁基锡和苯基锡在鲤鱼和金鱼藻体内的富集和代谢机制研究. 浙江工业大学，2013.

［311］　陈广超. 有机化学品生物降解性预测模型的构建与验证. 大连理工大学，2013.

［312］　陈璋. 多环芳烃环境活性的定量构效关系研究. 华南理工大学，2017.

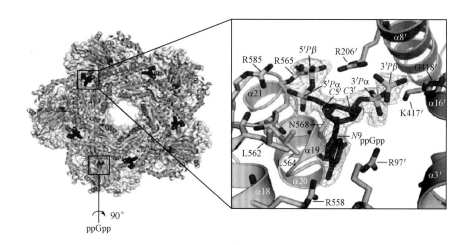

彩图 1　赖氨酸脱羧酶的晶体结构[242]

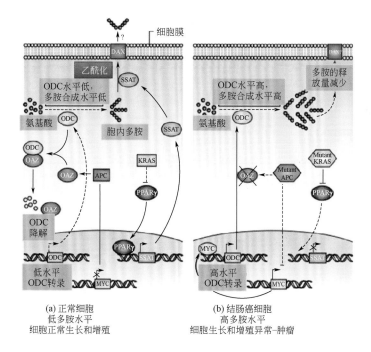

(a) 正常细胞
低多胺水平
细胞正常生长和增殖

(b) 结肠癌细胞
高多胺水平
细胞生长和增殖异常-肿瘤

彩图 2　结肠癌中致癌基因与肿瘤抑制基因对多胺的调控过程[265]

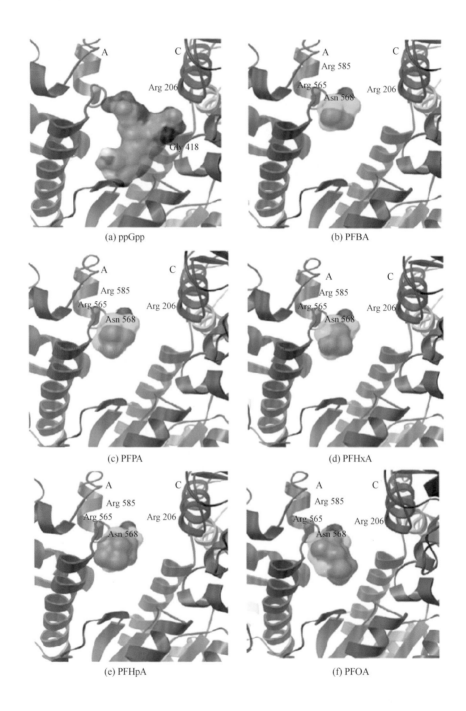

(a) ppGpp

(b) PFBA

(c) PFPA

(d) PFHxA

(e) PFHpA

(f) PFOA

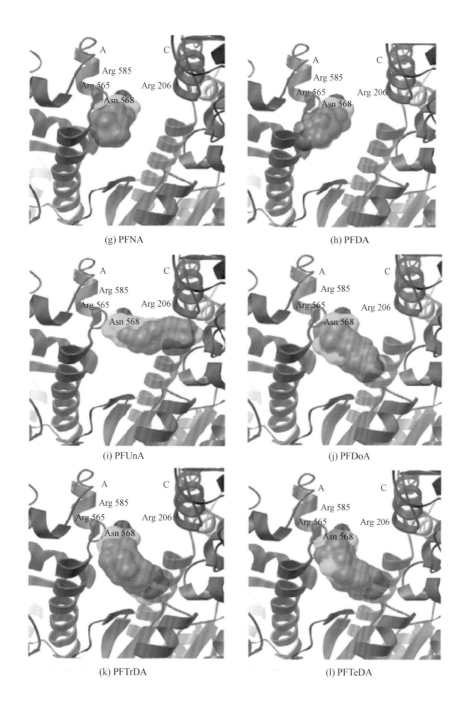

(g) PFNA

(h) PFDA

(i) PFUnA

(j) PFDoA

(k) PFTrDA

(l) PFTeDA

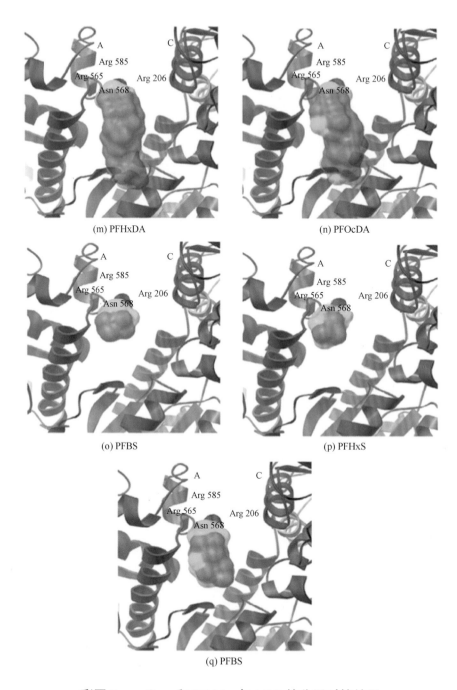

彩图 3　ppGpp 和 PFAAs 与 LDC 的分子对接结果

（其中碳原子为灰色，氧原子为红色，氢原子为白色，氟原子为黄色）

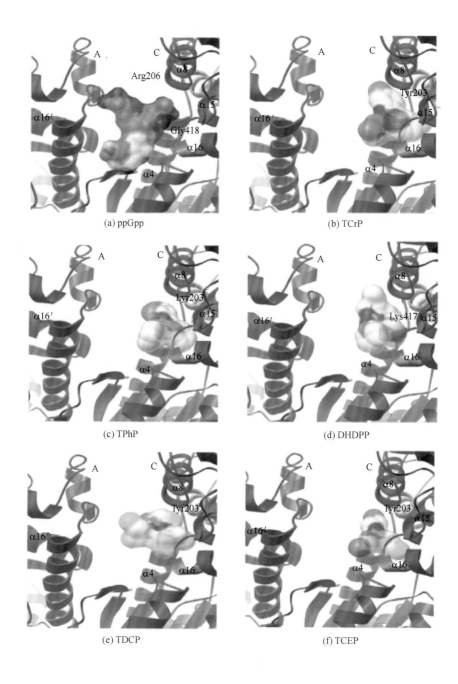

(a) ppGpp

(b) TCrP

(c) TPhP

(d) DHDPP

(e) TDCP

(f) TCEP

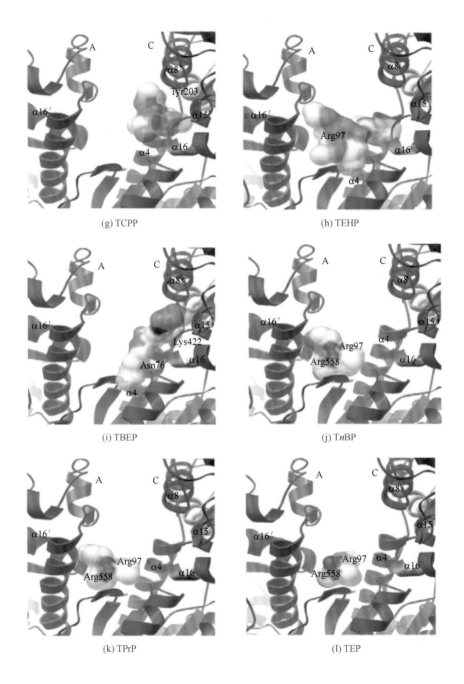

(g) TCPP

(h) TEHP

(i) TBEP

(j) T*n*BP

(k) TPrP

(l) TEP

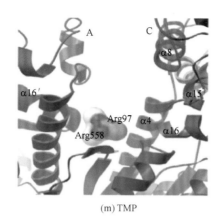

(m) TMP

彩图 4　ppGpp 和 OPEs 与 LDC 的分子对接结果（其中碳原子为灰色，氮原子为是蓝色，氧原子为红色，氢原子为白色，磷原子为橙色）

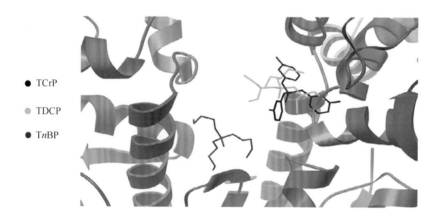

● TCrP

● TDCP

● TnBP

彩图 5　TCrP、TDCP、TnBP 与 LDC 结合位置比较

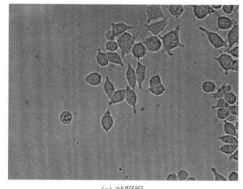

(a) 对照组

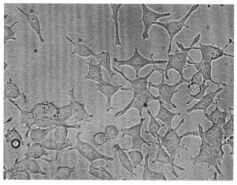

(b) NGF刺激

彩图 6　NGF（50ng/mL）刺激 72h 后 PC12 细胞的生长状态

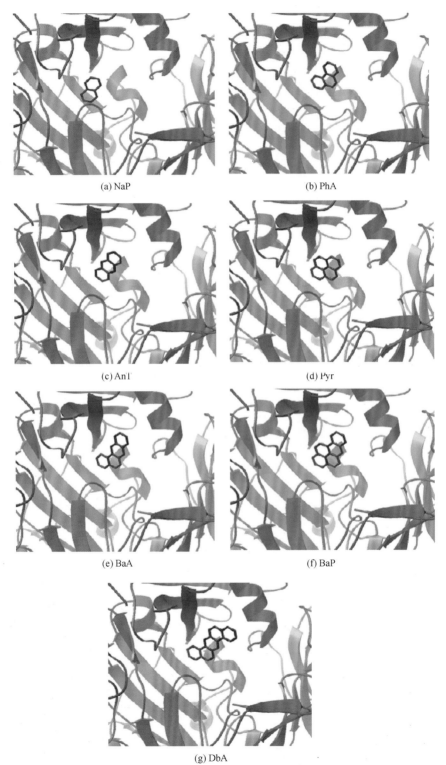

(a) NaP

(b) PhA

(c) AnT

(d) Pyr

(e) BaA

(f) BaP

(g) DbA

彩图 7　PAHs 与 DAO 的分子对接结果